国家质检公益行业科研专项项目（201510067）资助

# 锅炉炉管泄漏检测方法及装置研究

彭小兰　刘志强　张建智　廖伊丹　黄　霄　**编著**

机 械 工 业 出 版 社

本书较全面地研究了锅炉炉管泄漏声学检测技术及其应用方式，包括声学检测的基本概念与原理、锅炉炉管泄漏特性研究、锅炉声发射与传播特性、声信号的数字化处理与分析、锅炉炉管泄漏声源定位方法、便携式锅炉炉管泄漏噪声检测系统、系统检测实例、锅炉炉管泄漏声学检测规程等，以及相应装置开发和应用成果。本书反映了当前最新的锅炉炉管泄漏定位技术，具有较强的新颖性、系统性、实用性。本书介绍的装置开发和应用内容填补了领域内的空白，对后续装置的设计和改良有重要借鉴意义。

全书共9章，递进式地从锅炉特性、声学检测技术介绍至检测装置的实现方法，理论研究与实际应用紧密结合，既可供工业无损检测领域人员学习，也可供锅炉设计、使用、维护的工程技术人员和现场操作人员参阅；亦可动力工程、电子与通信工程等专业师生作为参考。

**图书在版编目（CIP）数据**

锅炉炉管泄漏检测方法及装置研究/彭小兰等编著. —北京：机械工业出版社，2018.9

ISBN 978-7-111-60740-3

Ⅰ.①锅… Ⅱ.①彭… Ⅲ.①火电厂-锅炉-炉管-泄漏 Ⅳ.①TM621.2

中国版本图书馆CIP数据核字（2018）第194197号

机械工业出版社（北京市百万庄大街22号　邮政编码100037）
策划编辑：沈　红　责任编辑：沈　红
责任校对：潘　蕊　封面设计：陈　沛
责任印制：张　博
北京东方宝隆印刷有限公司印刷
2018年9月第1版第1次印刷
169mm×239mm · 11.25印张 · 211千字
标准书号：ISBN 978-7-111-60740-3
定价：98.00元

凡购本书，如有缺页、倒页、脱页，由本社发行部调换

| 电话服务 | 网络服务 |
| --- | --- |
| 服务咨询热线：010-88361066 | 机 工 官 网：www.cmpbook.com |
| 读者购书热线：010-68326294 | 机 工 官 博：weibo.com/cmp1952 |
| 010-88379203 | 金 书 网：www.golden-book.com |
| **封面无防伪标均为盗版** | 教育服务网：www.cmpedu.com |

# 前言

锅炉是重要的热能动力设备，是电力行业的心脏。我国锅炉生产量和在用量均居于世界首位，且随着能源需求的增加，其数量仍将持续增长。电站锅炉是火力发电站三大主力设备之一，受国家“上大压小”的政策影响，一般都有着容量大且参数高的特点。目前我国火电站的主力机组为600MW超临界锅炉，达到世界先进水平的超超临界锅炉容量可达1000MW，这些大型供能设备的安全运行变得更加不容忽视。但是电站锅炉的炉管工作环境恶劣，长期处于腐蚀、磨损、高温的运行状况，最易出现水汽泄漏甚至爆管事故。在管道泄漏的初期，传统的水质量监测、水化学监测等方法都难以感知微小水汽泄漏，并且锅炉体积大，管道复杂，停炉检修时间周期长。面对保障锅炉这一重要特种设备安全高效运行的需求，本书作者在认真总结声发射检测技术的原理和研究电站锅炉这一应用对象的特性的基础上，结合声学、数理学、现代信号处理等知识实际测试经验完成此书。

本书全面、系统地介绍了声学检测技术基础、锅炉本体特点、锅炉管泄漏的声学及物理学特性、管道漏点定位方法及独创性的装置开发和应用成果。全书内容涉及学科广泛，不仅将锅炉管泄漏声学检测技术紧密联系实际需求，还特别对装置的研发、测试数据、使用步骤做了详尽的记录，因此具有很强的实用性。

尽管本书针对锅炉进行介绍，但对包括油/气等压力管道、电梯/起重机等大型机械设备、游乐设施在内的其他特种设备的检测同样具有参考价值。

总之，作者希望能够为读者奉献一部全面、实用的著作，以此抛砖引玉，对我国的特种设备检测检验技术的研究和应用起到促进作用。

在成书过程中，作者搜集了大量参考文献并进行整理，在此对本书参考文献及被引用文献的作者表示感谢。由于本书涉猎领域广、技术更新快，以及作者水平有限，书中出现的不当或错误之处，敬请读者批评指正。

著　者

# 目 录

# 第 1 章 绪　论

## 1.1 引言

锅炉的“四管”（通常指省煤器、水冷壁、过热器、再热器的管道）处于高温、高压腐蚀、磨损的恶劣环境中，容易发生水汽泄漏，是电厂安全经济运行的重大障碍。若能对炉管状态进行在线监测、诊断泄漏的程度，及时判断炉管泄漏位置，则一方面能有效地防止事故的扩大并减小损失；另一方面能使电厂及时申报停机缩短检修周期。

目前，炉管泄漏早期监测技术主要有运行人员监测技术、水质量平衡监测技术、锅炉水化学监测技术、X 射线检测技术和声学监测技术等。声学检测技术较于其他方法精度高、迟滞性低、结果更为可靠，因此国内、外先进的监测炉管泄漏的方法都是依靠声学技术完成。国际上大型电站锅炉检测管道泄漏、预报锅炉“爆管”事故方面最常用、最有发展潜力的手段是利用现代声学技术监听炉内管道早期泄漏声信号。该技术具有实时性、可远程检测、可应用于炉内高温高压环境的优点。然而，现行的锅炉炉内管道泄漏的声检测系统存在以下几个突出问题。

1）结构复杂、体积庞大。其大量的采集数据线和笨重的后台数据采集处理系统加剧了锅炉炉管检漏工作的复杂程度，并且在运输搬动过程中易造成设备损坏，会给计量部门带来极大的经济损失。

2）检测与定位精度不高。装置普遍依靠区域性定位原理，即通过比较各个声探头采集信号的能量大小，只能粗略估计声发生源所在区域，误差在5 ~ 10m。

3）造价较高。如应用区域性的定位原理进行检测，需要设置传感器数量多达 48 ~ 128 个，致使系统造价昂贵。

如何解决现有锅炉炉管泄漏检测系统的弊端，以及如何对锅炉炉管泄漏点进行准确可靠的现场检测和定位，对锅炉炉管检测工作提出了新的挑战，且亟须特种设备检测部门对锅炉炉管泄漏检测装置的开发与应用进行研究。

为了解决上述问题，国家质量监督检验检疫总局启动了“国家质检公益行业科研专项项目（201510067－03）”，旨在完成便携式锅炉炉管泄漏检测装置的研究。其中包括高度集成炉管泄漏检测系统、编制优化运行软件、降低检验检测成本、实现锅炉炉管泄漏的检测和准确定位等内容。该项目完成后，即便携式锅炉炉管泄漏检测装置能成功为锅炉进行定期检漏，从而可以有效地预防锅炉炉管漏爆，进而减少财产损失和人员伤害亡。

## 1.2　声学检测技术发展史

除了基于经验进行“四管”泄漏的判断之外，技术人员也常借助一些专业方法对锅炉炉管的泄漏状况进行判断。这些方法按时间先后顺序大致可以分为以下几个阶段。

在早期，由于科学技术水平、计算机技术等因素的限制，炉管泄漏检测仅能依靠工作人员的经验进行现场巡视、监测，这是最早也是最传统的炉管泄漏检测方法。这种方法的缺点是：能否检测到锅炉炉管泄漏的发生与工作人员的经验、炉管泄漏的时间点发生在检查前后有很大关系，不具有实时性；同时，由于锅炉背景噪声的干扰，使普通人很难发现泄漏。

随着技术的发展，出现了水质量平衡监测诊断技术。该技术的主要原理是：当炉管发生泄漏时，会导致炉内工质的流失，从而造成水质量失衡。该技术的主要特点是：当锅炉正常工作（即没有泄漏发生）时，保存炉内工质的流量数据，并以此为标准对之后采集的数据进行分析、对比，从而确定是否有泄漏发生。该技术的主要缺陷是：对流量装置的精确度要求较高，且为了提高检测的准确性，对流量装置的数目有一定的要求。

之后又出现了水化学检测方法和X射线检测法。水化学方法主要是在炉内工质中添加一种化学药剂，当有泄漏发生时，化学药剂的含量会随着泄漏的发生而减少，此方法虽然能够对泄漏做出判断，但是分析时间较长，不利于及时发现泄漏，且该技术对锅炉排污测量系统的要求也较高。而X射线检测法则是利用X射线的穿透能力对锅炉进行的泄漏检测，该技术虽然属于无损检测，但是其检测结果可靠性差，且存在劳动强度大、效率低等缺点。因此，X射线检测法也不适用于锅炉炉管泄漏的检测。

现阶段采用的主要检测方法是声谱分析法。这种方法利用声波传感器采集锅炉炉膛内的噪声信号，并对采集的噪声信号进行频谱分析，结合互相关时间延迟估计方法和声波传感器阵列完成对锅炉炉管的泄漏检测。该方法具有灵敏度高（可检测出直径小于2mm的泄漏）且系统设备体积小，以及可实现实时监控等优点，已成为现阶段各大电厂广泛使用的泄漏检测方法。

当前，锅炉炉管泄漏检测系统的定位方法根据不同的声波传感器阵列可分为以下几种：线形阵、平面阵和立体空间阵。首先声波传感器对炉膛内部的噪声信号进行采集，通过滤波器滤除其他无关噪声后再经放大器放大；将放大后的信号送入数据采集卡进行 A/D 转换后由上位机进行处理；最终判断炉管泄漏是否发生。

国外首次将锅炉炉管泄漏检测系统应用于电站始于20世纪80年代，早期的产品主要包括声波传感器、放大器、信号处理柜、主控室显示等组件。后来，随着科学技术的发展和计算机技术的不断提高，信号处理柜逐渐被替代，并最终形成了以声波传感器、放大器、主控室显示系统等构成的锅炉炉管泄漏检测系统。如英国的 PHONALEAK 系统等，该系统结构简单、操控性好。国内电厂出现使用锅炉炉管泄漏检测系统的时间始于20世纪90年代，该系统主要仿照国外20世纪80年代初期的泄漏检测产品的相关技术，其结构与国外20世纪80年代初期的系统组成基本相似。目前，国内锅炉炉管泄漏检测设备采用主要方法是声谱分析法，且在许多电站都得到了广泛的使用。

### 1.2.1 国外研究进展

20世纪70年代，英国率先开展了炉管泄漏监测与诊断研究的相关工作，到70年代中期进入实际应用阶段。20世纪80年代已在20多个火电厂70多台锅炉上采用了锅炉泄漏监测预报装置。试验表明，蒸汽泄漏时，会产生一个很宽范围的噪声频谱。英国所采用的泄漏监测装置中，其一次元件为压力传感器，传感器将接收到的声压信号转换为电压信号，放大这一信号传送到主控室的显示、报警装置。如今已有数十个国家的许多大机组在使用该装置。该产品的系统由波导管、传感器、前置放大器、电子间信号处理柜（含带通滤波器）、主控室显示组件构成。以上系统中需要有“电子间信号处理柜”，其中有许多通道插卡件（一个测点需要配置一块插卡件）。每一卡件负责处理该通道泄漏噪声与背景噪声信号的区分，并判断是否发生泄漏。系统诊断方法主要是基于时域分析，即根据泄漏声强的变化趋势进行炉管泄漏的诊断。图1-1为20世纪70年代中后期成形的国外典型检测装置结构。

**图1-1 国外典型检测装置结构**

如在英格兰诺丁汉郡 CEGB 系统的 Rateliffe on Sour 电站共有4台500MW锅炉，1974年为每台锅炉配备了2个监听通道。1983年10月，又增加至10个通道。在使用这一检漏系统的电厂中，经不断改进与完善后，因炉管泄漏导致的总停机时间及每次泄漏后检修所用的平均停机时间逐年稳步减少。以 CEGB 的某电厂为例，1978 年与 1982 年比较，1978 年炉管泄漏的总数是 36 次，而 1982 年因锅炉泄漏导致的总停机时间和每次检修所用的平均停机时间，分别比 1978 年减少近 1000h 和 33h。由此可见，泄漏检测装置给电厂带来了巨大的经济效益。又如意大利声学泄漏监测系统已在数十个电厂投入使用，这种系统不仅可以用于锅炉本体，还可以用于高压加热器的在线泄漏监测。

之后英国研制的锅炉泄漏在线监测技术转让给了美国 Windsoy Conn 的燃烧工程公司和 Baberton Ohio 的 B&W 公司。进入 20 世纪 80 年代，由于工业微电子技术的迅猛发展，可以用更可靠的集成技术来取代原先复杂的“电子间信号处理柜”设备，因而国外的炉管泄漏监测系统出现了第二代监测系统。该系统结构为传感器、前置放大器、低通滤波器和主控室计算显示系统，使装置系统简捷、维护方便，而且避免了原复杂结构带来的可靠性问题，且实现了炉管泄漏报警、泄漏位置显示、监听和自检等功能。

美国电力研究院 EPRI（Electrical Power Research Institute）是美国最大的电力工程技术研究与发展机构。EPRI 与美国及其他西方国家的政府电力部门、私营企业、动力设备制造运行厂家有着广泛而密切的联系，负责发起、组织、协调、管理和实施数以万计的研究开发计划。自 1973 年建院以来，以研究开发成果先进、实用而著称，科研总投资 35 亿美元。可以说 EPRI 所反映的水平是目前电力工程技术界国际最先进的水平，包括锅炉泄漏在线监测在内的火电厂在线监测与诊断是美国 EPRI 的重要研究方向。美国研制的系统由若干通道组成，各通道硬件构成相同：声传感器提取波导管传递的声信号，经前置放大器、信号处理机和转换后送入工控机。

南非 Instroteeh 公司也开发了“Inspeeta FFT”系统，这一系统主要由波导管、声传感器、放大电路、A/D 板和工控机组成。

### 1.2.2 国内研究进展

目前，国内、外检测锅炉炉管泄漏技术的原理基本相同，即通过声频传感器捕捉锅炉“四管”泄漏产生的一定强度和频率范围的噪声，区分泄漏声源和背景声源后，即可检测锅炉管的泄漏状态。

在实际应用中，有两种捕捉泄漏声源的检漏技术：①泄漏声源通过空气传播到声频传感器的检漏技术；②泄漏声源通过固体传播到声频传感器的检漏技术。这两种技术都应用在了实际生产中，从技术成熟和应用效果来看，第一种检漏技术目前更可靠、实用，且国内外应用的时间长、范围广，经验也丰富得多；第二种检漏技术有其独特之处，但还需进一步发展完善。

下面着重讨论第一种检测锅炉炉管泄漏的应用技术。

国内在20世纪80年代中期便有锅炉炉管检漏产品在电厂应用，投用后出现过一些反复，也存在一定的漏报和误报炉管泄漏的情况，产品大都局限于研究性的规模。20世纪90年代随着国内基础产业的技术进步及国内、外技术的交流，锅炉炉管检测产品的技术水平得到了较大提高。

最早研制投用产品的系统结构为传感器、前置器和现场报警。早期产品由于在区分背景噪声与泄漏噪声的技术上有一定缺陷，而且关键设备的抗高温、抗灰尘及使用寿命等性能指标不稳定，系统不具备自检功能，因而在实际应用中效果不是很理想。在电厂全套投用的国内第一代产品是在20世纪90年代初期出品的，该产品主要参照国外70年代末期同类产品的技术，同时也借鉴了国内早期产品的经验。该产品的系统由传感器、前置放大器、电子间信号处理柜、主控室显示柜等构成。

国内第一代产品与国外20世纪70年代产品的结构相同，在显示设备上将原“显示板”改成具有计算机显示功能的“显示柜”形式。国内第一代产品的特点如下：①产品利用“带通滤波”的方法区分锅炉现场的背景噪声和泄漏噪声，故对一些临界状态的炉管泄漏反映不很灵敏；②因参照国外20世纪70年代产品，装置主设备“电子间信号处理柜”中大量处理卡件、电源卡件接插维护烦琐，则存在可靠性问题；且系统本身的电路设计存在相互干扰现象；③装置波导管采用简单“直三通”连接传感器的方式，在处理声波驻波问题上存在缺陷，故会造成对泄漏的误报；④对运行过程中波导管的堵灰状况不能自动测报，可能造成设备漏报泄漏的缺陷。此外，第一代产品的兼容性较差，不能方便增减测点数量和检测范围。但是其作为检测炉管泄漏的产品，比国内早期产品已经有了很大的改进提高，因而在电厂仍具有相应的应用价值。

第二代产品由传感器、变送器和显示与报警组件等构成（图1-2）。其特点是：①该产品采用频谱分析和滤波处理相结合的方法对锅炉“四管”泄漏进行诊断，比原产品仅靠滤波处理判断泄漏更可靠准确；②除第一代产品中主设备“电子间信号处理柜”及相应通道卡件外，克服了原产品接点多（1000多个接点）和处理卡件不可靠的缺陷、故障，不仅提高了可靠性，而且设备维护、调试也更简单方便，系统各测点之间信号相互干扰的问题也可以消除；③第二代产品波导管进行了专业声学设计，能不失真地将炉内噪声信号传递给传感器：④具有独特的“波导管堵灰判断”技术，可正确向运行人员报告波导管堵灰情况，克服了国内、外产品存在的因探头堵管而漏报泄漏的缺陷；⑤装置系统简捷，能方便增减测点通道数和测量范围，可在单台装置基础上扩容至两台锅炉检漏装置或多台锅炉检漏装置，而不需对设备进行复杂的改造工作。第二代产品的功能有炉管泄漏报警、“泄漏位置显示”、泄漏趋势、监听、自检和探头堵管判断等。

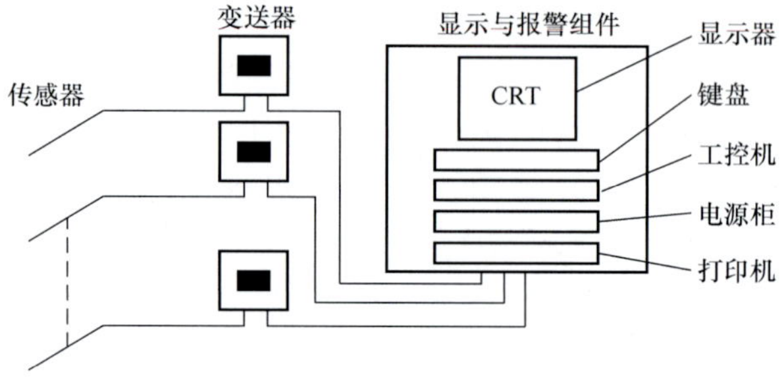


图 1-2　国内改进的“第二代”产品结构图

目前国内第二代产品的系统结构设计合理，省略了原设备中大量容易出问题的中间环节（如电子间信号处理柜），在产品制造中能更好地控制质量，且装置的运行调试和维护都很方便。

目前国内已有几十台锅炉安装使用了炉管泄漏在线检测系统，机组容量（125 ~600）MW。在上述应用的装置中，存在一些漏报、误报泄漏和设备损坏的问题，这些都涉及装置的关键技术水平。国内第一代与第二代炉管泄漏检测系统的关键内容对比见表 1-1。

表 1-1　国内第一代与第二代炉管泄漏检测系统的关键内容对比

| 产品类别 | 系统结构 | 滤波方法 | 功能与特点 |
| --- | --- | --- | --- |
| 国内第一代产品 | 传感器、前置放大器、电子间信号处理柜等 | 带通滤波 | 泄漏报警；不具备自检功能；系统维护烦琐；系统可靠性差；有误报现象；性能指标不稳定 |
| 国内第二代产品 | 传感器、变送器、显示与报警组件 | 频谱分析与带通滤波相结合 | 泄漏报警；具备监听、自检功能；探头堵灰判断；设备稳定；不能精确定位 |

传感器的质量在国内、外的装置上都发生过一些问题。由于锅炉现场的环境十分恶劣，高温、寒冻、灰尘、风吹雨打等气候环境要求，传感器应具有很好的工作性能；否则将影响对锅炉“四管”泄漏的准确测报。以前国内装置传感器质量不太过关，一般使用半年就可能出现问题。经过厂家的积极努力，现在第一代、第二代产品的传感器已接近国外传感器的性能水平。尤其第二代产品的传感器的性能更优越，已达到长期运行下对同一测试信号的输出参数基本一致，且偏差限制在 1% 以内。锅炉在运行时有各种各样的噪声源且容量不同，即使相同容量在不同负荷下运行的锅炉及运行的不同时刻都可能使噪声源产生变化。如何区分锅炉运行时背景噪声与泄漏噪声是早期检测“四管”泄漏的重要技术之一。以前国内、外的处理方法是将传感器接收的噪声源信号进行带通

滤波处理，为提高泄漏检测的准确性和灵敏度，采用对噪声源信号进行频谱特性分析的方法，已成为国内、外产品的发展趋势。规范系统结构，一定程度上可有效降低设备的故障率，使设备维护也变得简单方便，以及产品质量得以提高。由于国内机电一体化水平较低，若完全按照国外产品的系统结构，就可能因为加工、配合和长期工作的稳定性等问题而产生故障，这在第一代产品的使用中有所反映。为提高锅炉炉管检漏技术的可靠性和设备使用寿命，克服前期产品存在的诸多技术问题，在总结早期和第一代产品技术基础上全新研制的第二代检漏产品也已正式在锅炉上投运。经过多台装置的实际应用，第二代产品已证明能适应电厂恶劣环境要求，设备运行稳定可靠，技术性能比第一代产品更进一步。

检测炉管的早期泄漏需要波导管准确地将炉内噪声传导到传感器。由于锅炉炉型及燃烧方式等因素的不同，波导管可能产生堵灰现象，水冷壁上的波导管还可能产生结焦堵管的情况，这在国内、外装置上都普遍存在。这种现象将导致传感器接收不到或延缓接收到炉内泄漏信号，使装置不能及时报告炉管泄漏事故。解决上述问题除了要采取合理的清灰措施外，还需要有自动判断波导管堵灰状态的技术。这项技术在国内第二代产品中已成功应用，如在堵灰严重的锅炉上，该技术可有效提高装置的泄漏测报准确性，使传感器的投用有效率提高20% ~30%。探头安装的位置与方式，对装置捕捉“四管”泄漏事故有一定的影响。这个问题可以通过实际应用过程中不断总结经验来解决。

由上可见，锅炉炉管检漏报警装置的关键技术主要是设备质量性能、区分、判断泄漏技术和系统合理应用的问题。

## 1.3　锅炉炉管泄漏检测装置中的关键技术

目前国内、外锅炉上均有锅炉炉管泄漏检测装置投入运行，机组容量从（125 ~600）MW 不等。在上述应用的装置中，存在一些漏报、误报泄漏和设备损坏的问题，这些都涉及装置的关键技术水平。下面就检测系统关键技术进行分析讨论，以期进一步完善检测方法与系统。

**1. 传感器的质量**

传感器的质量在国内、外的装置上都发生过一些问题。由于锅炉现场的环境十分恶劣，如高温、寒冻、灰尘、风吹雨打等气候环境要求传感器具有很好的工作性能；否则将影响对锅炉“四管”泄漏的准确测报。

第一代、第二代产品配置的传感器已接近国外传感器的性能水平，而第二代产品的传感器的性能更优越，已达到同一测试信号下相隔10年的前后输出参数基本一致，偏差不超过1%。

**2. 背景噪声和泄漏噪声的区分技术**

如何区分锅炉运行时背景噪声与泄漏噪声是早期检测“四管”泄漏的重要技术之一。以前国内、外的处理方法是将传感器接收的噪声源信号进行带通滤波处理；后为提高泄漏检测的准确性和灵敏度，采用了对噪声源信号进行频谱特性分析的方法，并已成为国外和国内产品的发展趋势。国内第二代产品也已利用该技术进行噪声区分处理，解决了在临界状态下泄漏噪声的判别问题。

**3. 系统整体可靠性**

规范系统结构，一定程度上可有效降低设备的故障率，设备维护也变得简单方便，产品质量得以提高。由于国内机电一体化水平较低，若完全按照国外产品的系统结构，就可能因为加工、配合和长期工作的稳定性等问题而产生故障，这在第一代产品的使用中有所反映。目前，国内第二代产品的系统结构设计合理，省略了原设备中大量容易出问题的中间环节（如电子间信号处理柜），在产品制造中能更好地控制质量，且装置的运行调试和维护都很方便。

**4. 波导管堵灰**

检测炉管的早期泄漏需要波导管准确地将炉内噪声传导到传感器。由于锅炉炉型及燃烧方式等因素的不同，波导管可能产生堵灰现象，水冷壁上的波导管还可能产生结焦堵管的情况，这在国内、外装置上都普遍存在。这种现象将导致传感器接收不到或延缓接收到炉内泄漏信号，使装置不能及时报告炉管泄漏事故。解决上述问题除了要采取合理的清灰措施外，还需要有自动判断波导管堵灰状态的技术。这项技术在国内第二代产品中已成功应用，在堵灰严重的锅炉上该技术可有效提高装置的泄漏测报准确性，使传感器的投用有效率提高了20%～30%。取消了三个手动节流阀，并使用电磁式比例阀调节液压缸加载力，实现了磨辊加载力根据磨负荷和磨阻随时可调。令人担心的是，MPS型磨煤机的磨辊具有可摆动和上下浮动的特点，与液压缸相连的拉杆工作时处于横向摆动和上下滑动。那么，高压工况下液压缸的密封圈寿命问题比较严重。这个问题在朝阳电厂运行多年的MPS212磨煤机表现就比较突出，其他类似结构的也有过报道。基于以上原因，考虑采用液压缸同步加载，增设测量加载力装置，再用电动方式固定机械锁紧拉杆位置更为合理可靠，因为机械锁紧可以避免加载液压缸长期运行的弊病。为了实现加载力的监控，必须设置一测量装置。为此，可在拉杆上选一受力接触面，安装荷重传感器，经二次仪表直接显示加载力。类似的测量加载力的方式已在望亭发电厂和秦皇岛热电厂的ZGM95磨煤机上试用，且是比较成功的。再者，需要设计一种电动－机械锁紧装置。采用液压缸加载，在螺杆不受拉力时，用电动执行器转动螺杆，使螺母旋到位；然后液压缸卸压；运行时由螺母锁紧。为了解决螺母行程问题，加载力可采用分级调整的方法，即电动执行器旋转固定的行程，该固定行程对应一个确定的加载量。这样，即解决了液压缸寿命问题，又解决了机械锁紧的问题。

另外，现行的 MPS 型和 ZGM95 磨煤机的辊架与上压环之间为铰接轴承接触，磨辊的位置靠上压环来保证。这样一来，在低加载力的工况下，如果遇到较大的铁块，磨辊有倒伏的危险。所以，要实现低加载力运行，必须在上压架与辊架间增加连接装置。

**5. 探头安装问题**

探头安装的位置与方式对装置捕捉“四管”泄漏事故有一定的影响。这个问题也可以通过实际应用过程中不断总结经验来解决。

**6. 锅炉炉管泄漏的测报范围**

目前，检测炉管早期泄漏的装置只能判断在锅炉内某一区域是否发生炉管泄漏，并不能定位到具体的泄漏管排上。所以装置主要作用是判断锅炉“四管”的早期泄漏，确定泄漏发生的受热面。此外，该装置还可作为锅炉吹灰系统的辅助监测设备，以及报告吹灰系统是否正常投运。

当炉内某受热面出现炉管泄漏时，泄漏点附近的几个测点信号都将变强，同时发出报警，而且对烟气流下游测点比上游测点影响大。装置多次正确捕捉炉管的早期泄漏，给电厂带来很好的经济效益。电厂方面认为，与停炉造成的每天近40万元的替换电力损失相比，投运一套“炉管检漏系统”显然是合算的。锅炉测点的检测范围，各个厂家产品并不一样。国外产品检测范围是以测点为中心，半径约5～10m 的半球空间；国内产品检测范围有的为半径6～12m 的半球空间，有的为8～12m 的半球空间。一般来说，半径越大所覆盖范围就越广，但确定泄漏点区域的精度就越差。从实际应用来看，半径在10m 左右的范围是恰当的。

## 1.4 国内外先进声检测仪器简介

**1. 美国 PAC 公司的声发射检测系统介绍**

（1）DISP 声发射检测系统　DISP 声发射检测系统是美国 PAC 公司生产的新一代数字化检测设备，如图1-3 所示。采用插卡式并行处理结构，由 PCI 总线的 PC 机、前置放大器、传感器和多个并行处理的 PCHDSP－4 卡组合而成，每块 PCI－DSP－4 卡处理4 个 AE 通道。系统将传感器检测到的声发射信号送入前置放大器放大，在通过 PCI－DSP－4 卡提取 AE 特征参数和波形数据，完成对声信号的采集记录处理。

DISP 系统的软件系统采用 Windows 界面，进行处理并显示定位图、波形图、参数图等。定位软件具有三角形、四边形等多种定位方式，并允许传感器随布局进行随机定位，三维定位软件对三维实体进行空间定位。除此之外，还可配置小波分析、神经网络分析与模式识别等软件，用于复杂问题、复杂情况、复杂环境的声发射分析与研究。

（2）SAMOS™声发射检测系统　SAMOS™声发射检测系统是 PAC 公司研制的第三代全数字化系统，如图 1-4 所示，其核心是并行处理 PCI 总线的 PCI-8 声发射功能卡，在一块板上具有 8 个通道的实时声发射特征提取、波形采集及处理的能力。它采用现代数字信号处理技术（DSP），是 PAC 公司目前集成化更高、价格更低的系统，更适用压力容器检测等工程应用。

图 1-3　DISP 声发射检测系统

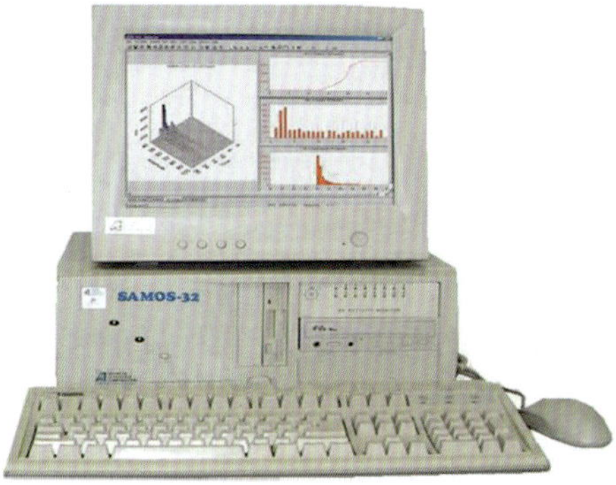

图 1-4　SAMOS™声发射检测系统

基于多年 AE 应用经验的全 Windows 环境的软件系统不但方便了用户的操作使用，同时保证高速/实时的 AE 参数及波形处理，实现了二维平面声发射源定位算法的改进，改为任意定位方式，布置声发射传感器时不再受三角形、四边形的限制，随意布置传感器进行定位，大大方便了现场使用。相对于传统的定位算法，SAMOS 系统改进为非线性衰减算法（NLR），采用 3～8 个 bit 进行定位计算（过定位算法），提高了源精度及强度。

（3）PCI-2-PAC 公司数字化声发射研发工具　PCI-2 是 PAC 公司最新研制的适用于大学等声发射研究的高性能/低价格声发射卡，如图 1-5 所示，具有 18 位 A/D 和 3kHz～3MHz 频率范围，可以对波形和特征进行实时处理。该卡也可作为一般的 A/D 卡进行高要求的数字信号处理用。将 PCI-2 卡插 PCI 总线的计算机即可组成声发射检测系统，良好的噪声处

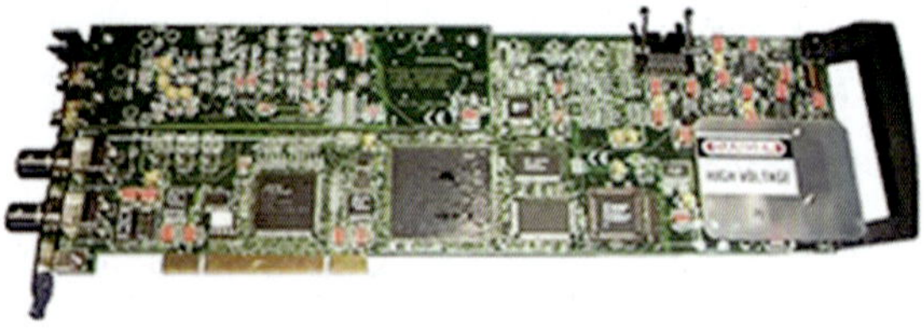

图 1-5　PCI-2 声发射卡

理能力和高的运行速度使其极其适合于科研院所和大学的研发工作。

**2. 德国 Vallen 公司的声发射检测系统介绍**

AMSY－5 声发射检测系统是德国 Vallen 公司研制的新型设备，如图 1-6 所示，采用了人性化的设计。其性能稳定、操作灵活，适用于压力容器、管道、航天、桥梁、贮罐、金属、复合材料、陶瓷、水泥、岩石、电器产品等方面的检测。系统具有 1～254 通道：数据传输速度大于 30000 AE－hits/s；波形传输速度大于 2.5M/s；采用 Windows 2000/XP 操作平台；配备了多种定位算法和分析软件。

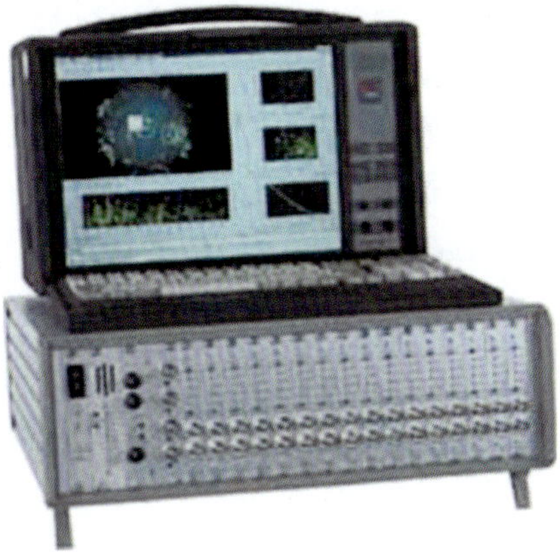

图 1-6　德国 Vallen 公司 AMSY－5 声发射检测系统

德国 Vallen 公司主要的声发射产品包括数字化多通道声发射系统，各类声发射检测分析软件，模拟前端模块，声发射传感器和各种附件。

**3. 中国声华科技有限公司的声发射检测系统**

WAE8 为声华科技有限公司生产的声发射检测系统，如图 1-7 所示。通道声发射信号直接进入声发射采集卡（每卡 5 个通道）进行 16 位 A/D 转换，转换后的数字信号进入一片超大规模 FPGA 门阵列芯片以实时提取声发射参数和波形数据缓存及数字信号处理。所有参数和波形数据经 PCI 总线用 DMA 方式传送到计算机。计算机通过信号分析软件完成声发射信号分析、定位等功能。多块声发射采集卡可以构成多通道的声发射检测系统。该仪器的特点是：①波形数据设计为可实时连续通过 PCI 总线高速通信到上位机，峰值传输速率可达 132Mbit/s；②仅采用一片超大规模 FPGA 芯片完成多通道多功能（波形滤波、参数提取等），使得采集卡的集成度，稳走性和可靠性更高，卡的面积也更小。输出数据可以是任意通道的波形、滤波后重建波形和参数等多种形式。

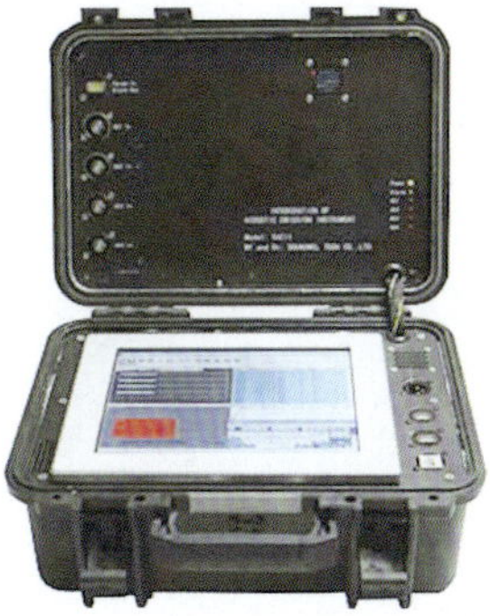

图 1-7　声华科技有限公司 WAE8 声发射检测系统

## 1.5　本书的主要内容

本书比较全面地研究了锅炉管泄漏声学检测技术及其应用方式，包括声学检测技术基础、锅炉本体特点、锅炉管泄漏的声学及物理学特性、管道漏点定位方法及相应装置开发和应用成果。反映了当前最新的锅炉管泄漏定位技术，具有较强的新颖性、系统性、实用性。本书介绍的装置开发和应用内容填补了领域内的空白，对后续装置的设计和改良有重要借鉴意义。全书共 9 个章节，递进式地从锅炉特性、声学检测技术介绍至检测装置的实现方法，理论研究与实际应用紧密结合，可供工业无损检测领域人员学习，也可供电站锅炉设计、使用、维护的工程技术人员和现场操作人员参阅，亦可供科研院所动力工程、电子与通信工程等专业师生作为参考。

# 第 2 章

# 声学检测的基本概念与原理

## 2.1 声学检测的物理基础

### 2.1.1 声发射的产生

引发声发射的材料局部变化称为声发射事件，而声发射源，是指声发射事件的物理源点或发生声发射波的机制源。在工程材料中，有许多种损伤与破坏机制可产生声发射源，声发射源类型如图 2-1 所示。

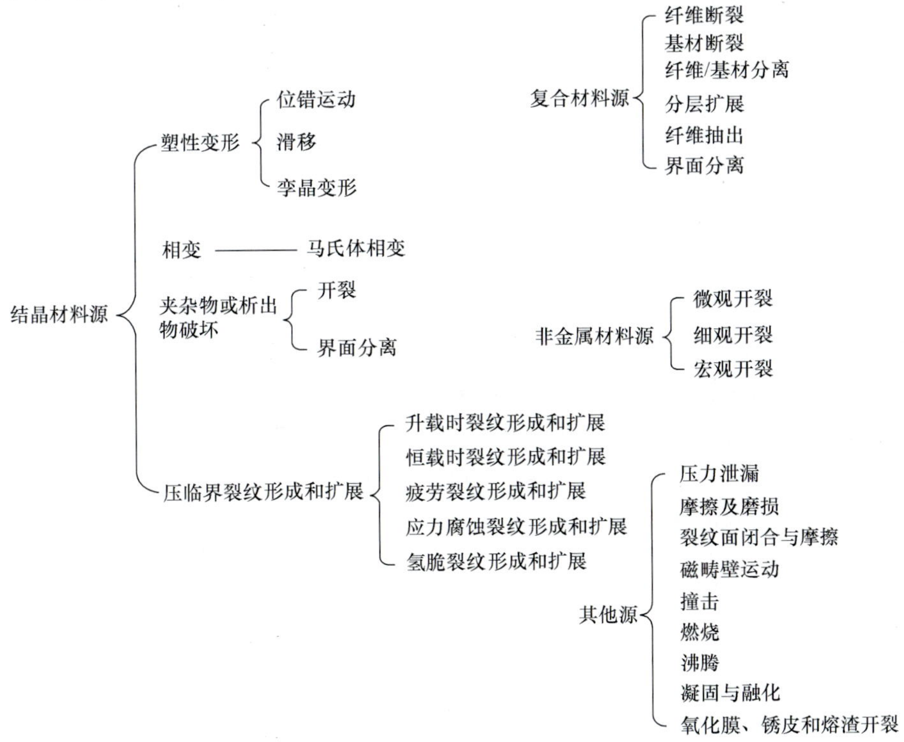


图 2-1 声发射源类型

可以看出，声发射源涉及的范围非常广泛，这里我们着重讨论三种声发射源。

### 1. 塑性变形

一切固体在受到外力作用时，体积和形状都要发生变化，我们把这两种变化统称为形变。单位长度和单位体积的形变叫应变，而单位面积上所受的力叫应力。对于绝大多数的变形固体，当外力不超过各自的一定范围时，它去除外力后，将完全恢复（或者说几乎完全恢复）原有形状和尺寸，这种性质称为弹性。去除外力后能够消失的变形称为弹性变形。但当外力过大时，在外力去除后，变形只能部分地消失而残留一部分不能消失的变形，材料的这种性质称为塑性。

晶体材料的塑性变形是形成声发射源的一个重要机制之一，当许多金属材料在拉伸变形时，可以看到在屈服点附近出现声发射计数率高峰，在进入加硬化阶段，声发射计数率急剧减少。

塑性变形包括位错运动、滑移、孪晶变形。

### 2. 裂纹的形成和扩展

裂纹的形成和扩展也是一种主要的声发射，尤其对无损检测更为重要。裂纹的形成和扩展与材料的塑性变形有关，一旦裂纹形成，材料局部地区的应力集中得到卸载，产生声发射。

材料的断裂过程大体上可分为三个阶段：①裂纹成核；②裂纹扩展；③最终断裂。这三个阶段都可以成为强烈的声发射源。

关于裂纹的形成已经提出过不少模型，如位错塞积理论、位错反应理论和位错销毁理论等，这些模型都得到一部分试验事实的支持。

在微观裂纹扩展成为宏观裂纹之前，需要经过裂纹的慢扩展阶段。理论计算表明，裂纹扩展所需要的能量比裂纹形成需要的能量约大 100 倍到 1000 倍。裂纹扩展是间断进行的，大多数金属都具有一定的塑性，裂纹向前扩展一步，将积蓄的能量释放出来，裂纹尖端区域卸载。这样，裂纹扩展产生的声发射很可能比裂纹形成的声发射还大得多。当裂纹扩展到接近临界裂纹长度时，就开始失稳扩展，成为快速断裂。这时产生的声发射强度更大，如断裂韧性试验时，产生人耳可以听得见的声音。

### 3. 纤维增强复合材料的声发射源

高强度、高模量、脆性的增强剂（纤维）均匀地与低强度、低模量、韧性的基体相结合而组成的纤维增强型复合材料，由于它能发挥材料的综合优良性能，凭借其高的强度和比模量及良好的抗疲劳性和成形工艺性在航空航天工业中得了大量应用，并在某些关键部位代替了金属材料。

但是，复合材料通常是以交错叠层的形式构成整体来承受使用载荷的。高的比强度和比模量是用复杂而高价的三维编织技术来达到的，从而构成了复合材料的各向异性。

纤维增强复合材料在受力并产生破坏的过程中会出现大量的声发射，其强度和数量都比金属材料的声发射大得多。

纤维增强复合材料的声发射源包括纤维断裂、基材断裂、纤维/基材分离、分层扩展、纤维抽出及界面分离。

### 2.1.2　连续波和脉冲波

根据持续时间的长短，超声波可以分为连续波和脉冲波。连续波指介质中质点振动持续时间为无穷的波动，如图 2-2 所示。脉冲波是指振动持续时间有限（单个或间发）的波动，如图 2-3 所示。

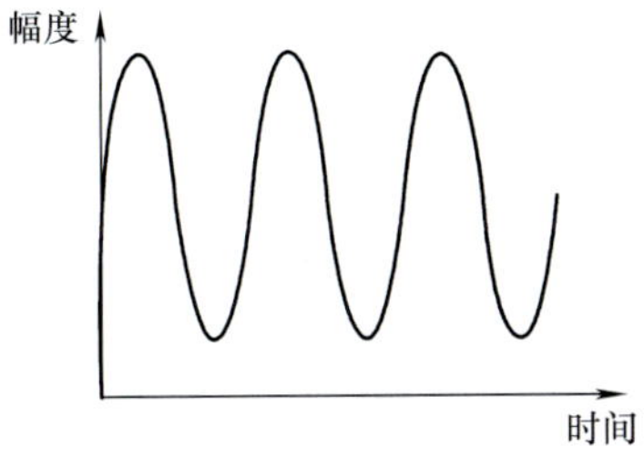


图 2-2　连续波时域图

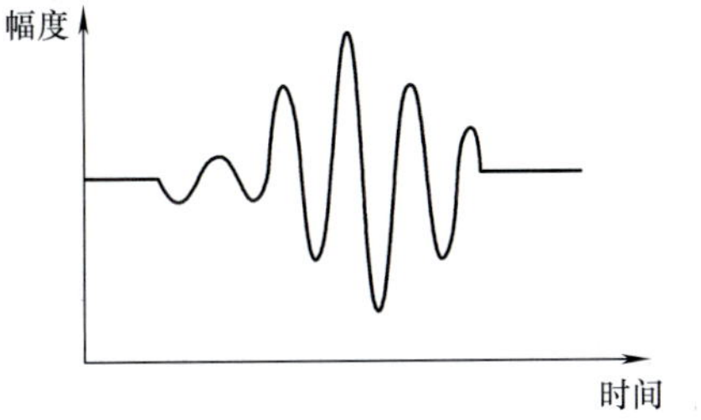


图 2-3　脉冲波时域图

按照傅里叶分析方法可知，一个脉冲波可以分解为多个不同频率谐振波的叠加，如图 2-4 所示。可以看出，以时间为自变量的一个复杂波形，其实包含着

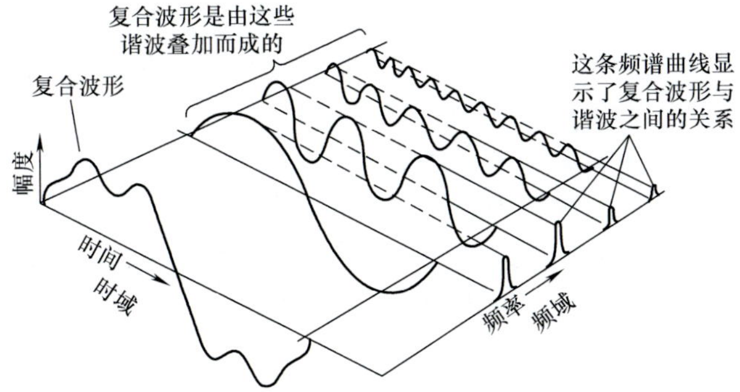


图 2-4　一个时域波形的谐波组成

一系列不同频率的正弦（或余弦）波，这些频率成分及其幅度均可以在频域中给出清晰地描述。

图 2-5 给出了超声检测中 1MHz 的脉冲波与其中包含的正弦波之间的关系。

可以看出，此处1MHz的脉冲波由0.85MHz、1MHz和1.21MHz正弦波叠加而成。为合成某一脉冲，需要一系列的正弦波，且要合成的脉冲宽度越窄，需要的正弦子波数量越多。这些子波具有与中心频率不同的频率。由于子波的频率不同，因此在传播条件不合适时会产生畸变，通常使脉冲宽度变宽。

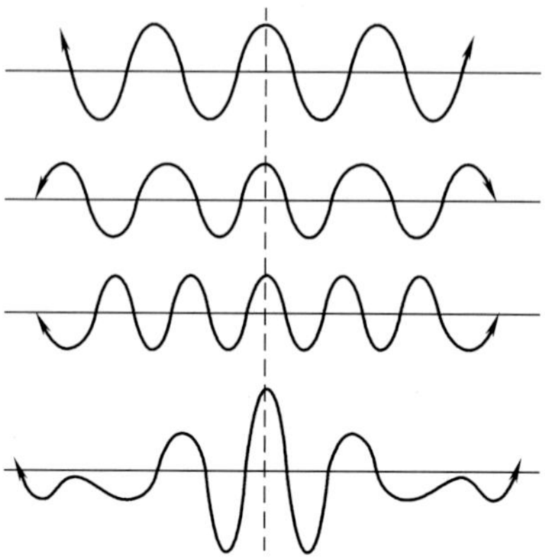

图2-5　1MHz 脉冲波的组成

## 2.1.3　宽脉冲和窄脉冲

在实际超声检测中，一般都是使用脉冲超声波。随着超声检测技术的发展，理论和实践都表明，有必要再将超声波分成宽脉冲与窄脉冲两大类。

根据发射脉冲周期个数的不同，脉冲波可分为宽脉冲和窄脉冲。

超声波脉冲由检测频率下的几个声能循环组成。材料内的脉冲所占用空间的大小叫作“脉冲宽度”。从物理意义上来说，它等于脉冲的循环数乘以测试材料中该频率下的波长，数学表达式为

$$W = n\lambda \tag{2-1}$$

式中：$W$ 为脉冲宽度；$n$ 为脉冲的循环数；$\lambda$ 为波长。

由式（2-1）可知，同频率下，脉冲的循环数越大则脉冲宽度越宽。

在频谱分析中，另一概念是频带宽度。脉冲宽度和频带宽度分别是在时域和频域描述信号特征的两个重要参量，两者互为反比的关系。宽度越窄，对应的频带越宽；反之，脉冲宽度越宽，频带越窄。利用频谱分析方法进行超声检测时，为了得到尽可能宽的频带，通常使用脉冲宽度窄的探头。

图2-6给出了脉冲循环数为3和7的两个超声波信号及其频谱。观察发现，循环数为3的脉冲宽度较窄，对应的6dB带宽则较宽，约为210kHz；相比之下，循环数为7的脉冲宽度较宽，对应的6dB带宽则较窄，约为90kHz。

应当明确指出，脉冲的尖锐程度，主要决定于频带宽度，而不只是频率的高低。例如，对于具有10~20MHz带宽的脉冲与40~50MHz带宽的脉冲，不论其频率成分差别有多大，其有效长度是相同的。

下面通过图2-7来进一步说明。其中，图2-7a、c、e所示分别是3个脉冲宽度和主频不尽相同的脉冲，图2-7b、d、f所示则为对应的频谱。其中，图2-7a、c所示的脉冲尽管主频相同，但脉冲宽度不同，反映在频谱上，两者

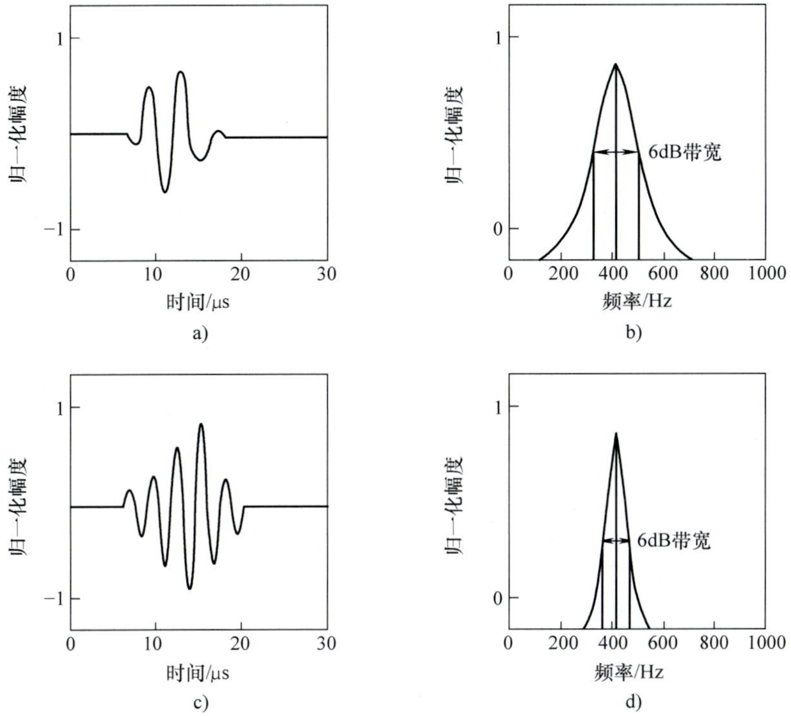


**图 2-6　不同脉冲循环数的脉冲波及其频谱**

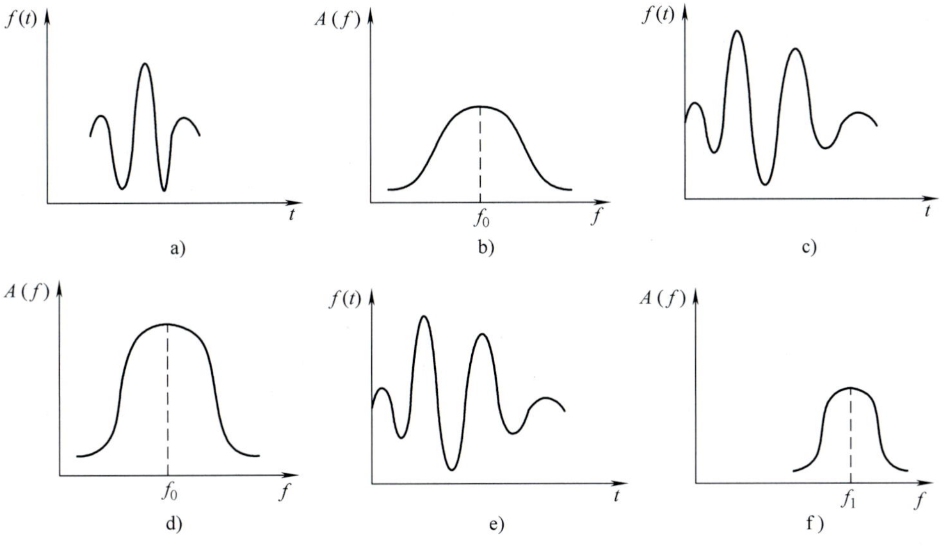


**图 2-7　子波的主频、频带宽度和延续时间的关系**

a）、b）宽频带脉冲及其频谱（主频 $f_0$）　c）、d）窄频带脉冲及其频谱（主频 $f_0$）

e）、f）宽频带脉冲及其频谱（主频 $f_1$，$f_1>f_0$）

带宽度差异非常明显。对于图 2-7c、e 所示脉冲而言，两者虽然具有相同的脉冲宽度和频带宽度，但主频 $f_0$、$f_1$ 相差较大，频谱成分在频域内所占的区间不同。

另外，对于包含同样周期数的脉冲，频率较高时，脉冲宽度较小，入射面分辨率较好。因此，在要求入射面分辨力高的情况下，也常常选用高频探头。但不同探头的性能差异较大，由于阻尼不同，有的高频探头也不一定比低频探头脉冲窄。

## 2.1.4 声波的传播

波源处的声发射波形，一般为宽频带尖脉冲，包含着波源的定量信息。然而，所测得信号波形，由于介质的传播特性和传感器频响特性之影响而变得非常复杂，与原波形有很大不同。从而很大程度上淡化了所测得波形特性参数的物理意义。因此，波的传播对波形的影响，是在试验条件设置、数据分析及评价中均需考虑的基本问题。

### 1. 波的传播模式

声发射波在介质中的传播，根据质点的振动方向和传播方向的不同，可构成纵波、横波、表面波、板波等不同传播模式。

(1) 纵波　质点的振动方向与波的传播方向平行。图 2-8 为纵波传播示意图。$t=0$ 时各质点都处于平衡位置，设当振源开始作振动时，质点 1 受到向右的力，开始向右移动，由于弹性力的作用相邻质点也发生移动，但在时间上要稍迟一些。经过一段时间后 $t=T/4$ 时，质点 1 已达到向右的最大位移，由于弹性力的作用正要向左运动；而质点 4 受到弹性力的作用才开始向右移动。再经过一段时间到 $t=T/2$ 时，质点 1 已回到平衡时的位置，但因惯性继续向左运动，而质点 7 受到弹性力的作用才开始向右移动。当 $t=3T/4$ 时，质点 1 达到向左的最大位移，弹性力使质点 10 将开始向左运动。当 $t=T$ 时，质点 1 回到平衡位置，完成一个周期的振动，弹性力使 13 将要开始向右运动。由此可见，这种波的传播方向是与质点的运动方向相一致的，这样的波称为纵波。纵波在介质中传播时会产生质点的稠密部分和稀疏部分，故又称疏密波。

(2) 横波　质点的振动方向与波的传播方向垂直。图 2-9 为横波传播示意图。

各质点的运动情况与纵波情况相似。但由于质点的振动方向对波的传播方向是横向的，则这种波称为横波。横波在介质中传播时介质会相应地产生交变的剪切形变，故又称剪切波或切变波。因为液体和气体中缺乏恢复横向运动的

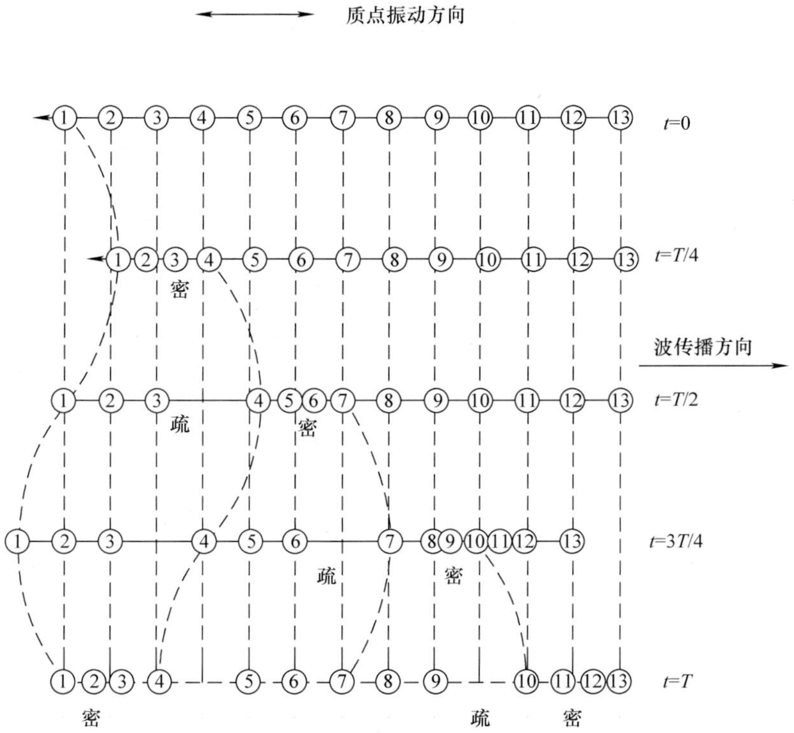


图 2-8　纵波传播示意图

弹性力，所以液体和气体中不存在横波，即横波只能在固体中传播。

（3）表面波（瑞利波）　在半无限大固体介质与气体介质的交界面上，可产生瑞利波，这是瑞利（Rayleigh）于 1887 年首先研究并证实其存在的。图 2-10为瑞利波传播示意图，图中标示出了瞬时的质点点位移状态；在右侧的椭圆表示质点振动的轨迹，它在固体（钢）表面（$xz$ 平面）沿 $x$ 方向传播。质点只在 $xy$ 平面内做椭圆振动，椭圆的长轴垂直于波的传播方向，短轴平行于传播方向。

表面波沿深度约为 1 ~2 个波长的固体近表面传播，波的能量随传播深度增加而迅速减弱。椭圆运动可视为纵向振动和横向振动的合成，即纵波和横波的合成。因此，瑞利波和横波一样只能在固体介质中传播，不能在液体或气体介质中传播。

（4）板波　如果固体物质的尺寸进一步受到限制而成为板状，则当板厚小到某一程度时，瑞利波就不会存在而只能产生各种类型的板波。板波中最主要

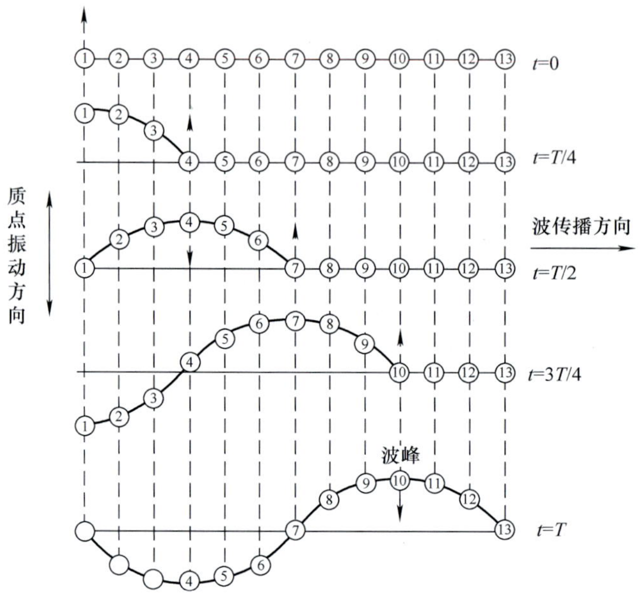


图 2-9　横波传播示意图

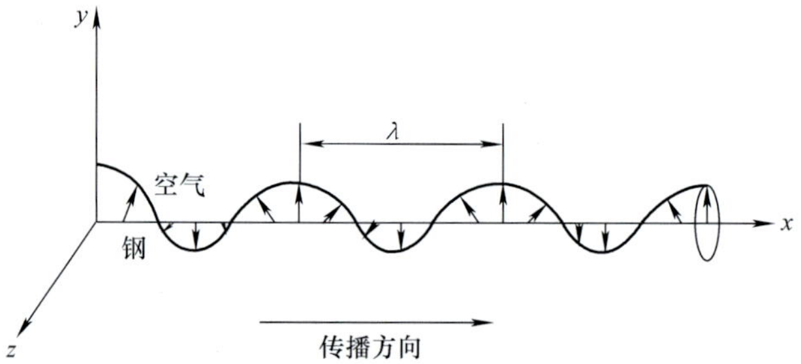


图 2-10　瑞利波传播示意图

的一种是兰姆波（图 2-11），且通常所说的板波即指兰姆波。兰姆波是纵波与横波组合的波，它只能在固体薄板中传播，质点做椭圆轨迹运动。按质点的振动特点可分为对称型（膨胀波）和非对称型（弯曲波）两种。

**2. 波的传播速度**

波的传播速度，是与介质的弹性模具和密度有关的材料特性，因而不同的材料，波速也不同；不同的传播模式也具有不同的传播速度。在均匀介质中，纵波与横波的速度分别可用式（2-2）表达。

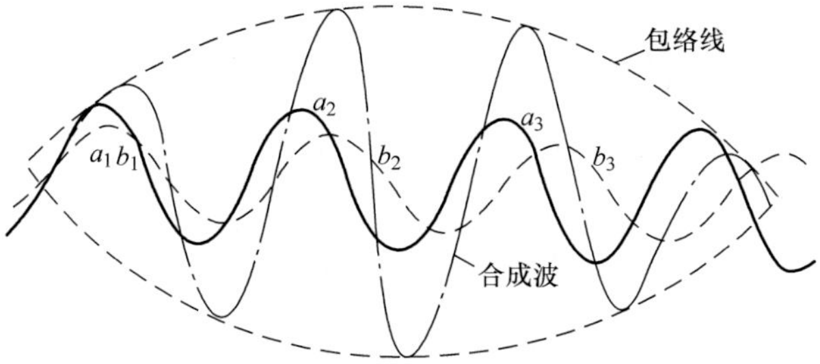


**图 2-11　兰姆波传播示意图**

$$v_1 = \sqrt{\frac{E}{P}\frac{1-\sigma}{(1+\sigma)(1-2\sigma)}}, v_t = \sqrt{\frac{E}{\rho}\frac{1}{2(1+\sigma)}} = \sqrt{\frac{G}{\rho}} \tag{2-2}$$

式中：$v_1$为纵波速度；$v_t$为横波速度；$\sigma$ 为泊松比；$E$ 为弹性模量；$G$ 为切变模量；$\rho$ 为密度。

在同种材料中，不同模式的波速之间有一定比率关系。例如：横波速度约为纵波速度的60%，表面波速度约为横波的90%。纵波、横波、表面波的速度与波的频率无关，而板波的速度则与波的频率有关，即具有频散现象，约分布在纵波速度和横波速度之间。在实际结构中，传播速度受到诸如材料类型、各向异性、结构形状与尺寸、介质等多种因素的影响，因此传播速度实为一种易变量。

波的传播速度等于频率与波长的乘积，即

$$v = f\lambda \tag{2-3}$$

式中：$v$ 为波的传播速度；$f$ 为波的频率；$\lambda$ 为波的波长。

传播速度主要用于声发射源的时差定位计算，而其不确定性成为影响源定位精度的主要因素。在实际应用中，波速难以用理论计算，需用试验测量。例如：在被检件表面上，用笔芯模拟源和声发射仪时差测量功能，测得两个传感器之间的时差，再用传感器间距除以时差即可得到波速。以实测波速算出的定位精度一般可在传感器间距的1%～10%内变化。

就常见容器类二维结构而言，表面波或板波的传播衰减远小于纵波和横波，而可传播更远的距离，并常成为主要的传播模式。多数金属容器中，典型传播速度约为 3000m/s。在无法测得波速的情况下，常可以此作为定位计算的初设值。

在复合材料中，特别是纤维缠绕的复合材料结构中，声波的传播存在各向异性，即不同的方向声波传播速度不同，这对复合材料中进行时差定位造成了困难。

**3. 波的反射、折射与模式转换**

固体介质中局部变形时，不仅产生体积变形，而且产生剪切变形。因此，将激起两种波，即纵波（压缩波）和横波（切变波），且它们以不同的速度在介质中传播；当遇到不同介质的界面时，会产生反射和折射。任何一种波在界面上反射时要发生波形变换，同时出现纵波和横波，各自按照反射与折射定律反射和折射，但在全内反射时也会出现非均匀波。在半无限体自由表面上，一定的条件下还可转换成表面波，如图 2-12 所示。厚度接近波长的薄板中，又会产生板波。

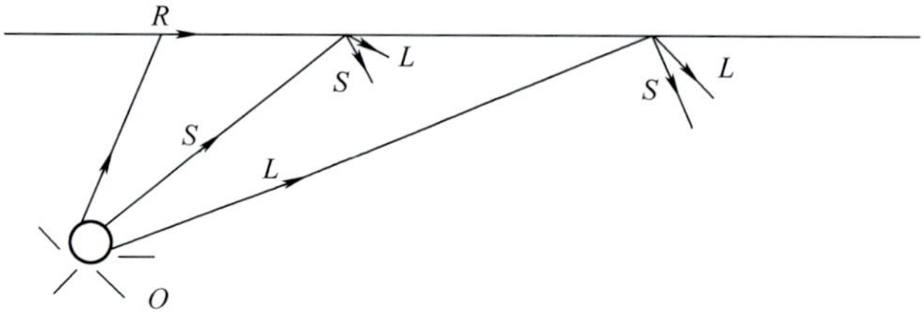


图 2-12　波的反射与模式转换

*O*—源波　*L*—纵波　*S*—横波　*R*—表面波

若在半无限大固体中的某一点产生声发射波，当传播到表面上某一点的时候，纵波、横波和表面波相继到达，互相干涉呈现复杂的模式（图 2-12）。与地震的情况一样，首先到达的是纵波，其次到达的是横波，最后到达的是表面波。在实际的声发射应用中，能够把检测对象看作无限大介质的情况不多，经常遇到的是像高压容器那样的厚钢板。声发射波在厚钢板中的传播方式如图 2-13 所示。波在传播过程中，在两个界面上发生多次反射，每次反射都要发生模式变换，这样传播的波称为循轨波。即从声源发出单一频率的波，经过循轨波的传播后具有复杂的特性。因此，要处理像声发射波这样的过渡现象，是十分困难的。粗略地讲，循轨波的视在传播速度与横波的传播速度相差不多，这也就是声源定位所选用的一级近似速度。

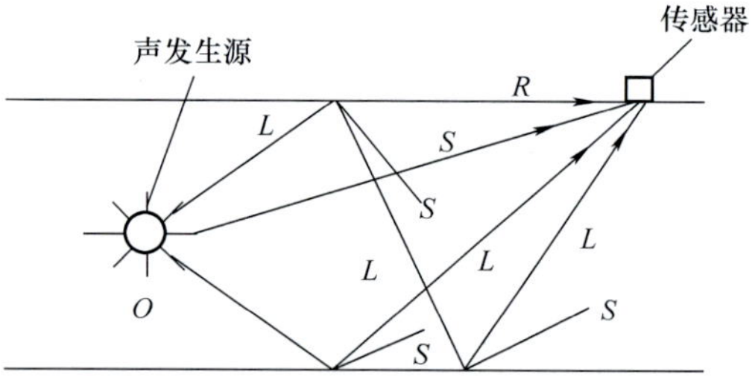


图 2-13　声发射波在厚钢板中的传播方式

声发射波经界面反射、折射和模式转换，各自以不同波速、不同波程、不同时序到达传感器。因而，波源所产生的一尖脉冲波到达传感器时，可以纵波、横波、表面波或板波及其多波程迟达波等复杂次序，并分离成数个尖脉冲，或经相互叠加而成为持续时间很长的复杂波形，有时长达数毫秒。在钛合金气瓶上，对铅笔芯模拟源的响应波形的分离与持续时间关系，如图 2-14 所示。

此外，再加上后述传感器频响特性及传播衰减等的影响，信号波形的上升幅度下降，持续时间变长，到达时间延迟，频率成分向低频偏移。这种变化，不仅对声发射波形的定量分析，而且对波形的常规参数分析也带来复杂的影响，

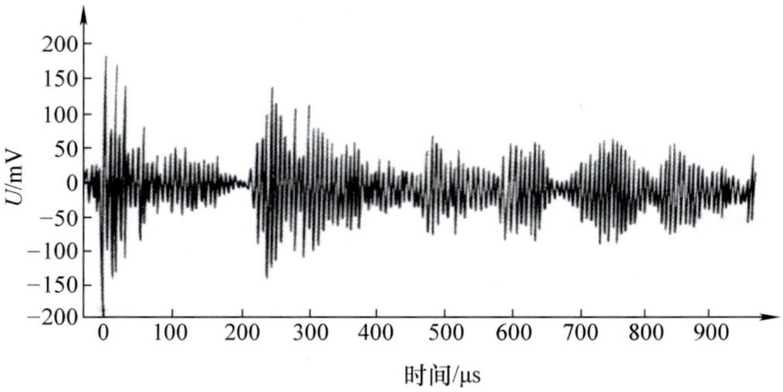


图 2-14　铅笔芯模拟源响应波形的分离与持续时间关系

应予以充分注意。

**4. 波的传播衰减**

波的传播衰减是指波的幅度随传播距离的增加而下降的现象。引发声发射波传播衰减的五个主要机制为波的几何扩展、材料吸收和散射，以及其他因素和实际结构中的衰减。

（1）几何扩展衰减　由于声发射波从波源向各个方向扩展，从而随传播距离的增加，波阵面的面积逐渐扩大使单位面积上的能量逐渐减少，造成波的幅度下降。扩展衰减与传播介质的性质无关，主要取决于介质的几何形状（或波阵面），它主要控制着近场区的衰减。

一般而言，一局部源所产生体波（纵波与横波）的幅度下降与传播距离成反比，而表面波和板波则与传播距离平方根成反比。如棒、杆等一维介质中，几何扩展衰减小于二维和三维介质。在小型球类容器中，由于波阵面随传播距离先扩展而后收缩，波的幅度也相随而波动，例如：从南极点所产生的波的幅度，到赤道线处变得最小，而到北极点又会扩大。

（2）材料吸收衰减　波在介质中传播时，由于质点间的内摩擦（黏弹性）和热传导等因素，部分波的机械能转换成热量等其他能量，使波的幅度随传播距离以指数下降。其衰减率取决于材料的黏弹性等性质，并与波的频率有关，近似与频率成正比。这种能量损失机制主要控制着远场区的衰减。

（3）散射衰减　波在传播过程中，遇到不均匀声阻抗界面时，发生波的不规则反射（称为散射），使波源原传播方向上的能量减少。如粗晶、夹杂、异相物、气孔等是引起散射衰减的主要材质因素。

（4）其他因素　即：①频散，在一些构件中，不同频率成分的波以不同的速度传播（频散效应），引起波形的分离或扩展，从而使波的峰幅度下降；②相邻介质“泄漏”，即由于波向相邻介质“泄漏”而也造成波的幅度下降，如容器中的水介质；③障碍物，即容器上的接管、人孔等障碍物也可造成幅度下降。

(5) 实际结构中的衰减　实际结构中，波的衰减机制很复杂，难以用理论计算，只能用试验测得。例如：在被检件表面上，利用铅笔芯模拟源和声发射仪，按一定的间距测得幅度（dB）－距离（cm）的曲线。图 2-15 示出了长 12.2cm、内径 1.2cm、厚度 12.5cm 的气压容器封头上，用不同频率测得的幅度－距离衰减曲线。

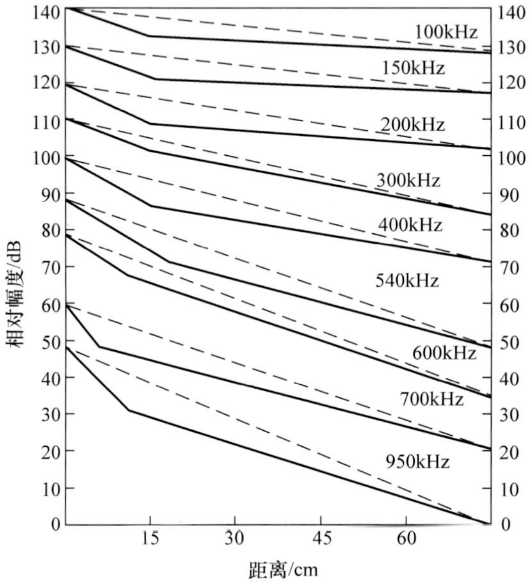


**图 2-15　气压容器封头上的幅度－距离衰减曲线**

波的传播衰减的大小，关系到每个传感器可监视的距离范围，且在源定位中成为确定传感器间距或工作频率的关键因素。在实际应用中，为减少波的传播衰减的影响常采取的措施，包括降低传感器频率或减小传感器间距。例如：对复合材料的局部监视通常采用 150kHz 的高频传感器，而大面积监视则采用 30kHz 的低频传感器；对大型构件的整体检测，可相应增加传感器的数量。

声发射波在小试件中传播时，由于传播距离短，故衰减小。对于一个声发射脉冲，不仅在侧面且在两个端面多次反射，叠加在一起形成持续时间很长的多次反射波，其结果使声发射脉冲激励试件的固有振动模式在共振频率附近的振动增强。

## 2.1.5　声源与声场的数学模型

### 1. 声波的几何描述

波源处的声发射波形包含着波源的定量信息，用声发射检测系统测得的波形由于介质的传播特性和传感器特性的影响变得非常复杂。为了准确得到所测波形的特性参数，必须对波的几何描述有所了解。

当波源在弹性介质中振动时，振动状态将向各方向传播。为了形象地描述某时刻振动在弹性介质中传播到各点的位置，则把该时刻振动的传播在各点的轨迹所组成的曲面称为波前。各向同性介质中的波如图 2-16 所示。在描述波传播时各质点振动之间的位相关系，把振动位相相同的各点组成的曲面称为波面。对于给定的时刻，振动传播到各点的位置是唯一的，且振动位相等于波源开始振动时的位相，则波前对给定的时刻只有一个，即最前面的波面。而在任何时刻振动位相相同的点的轨迹（即波面）却是任意多的。

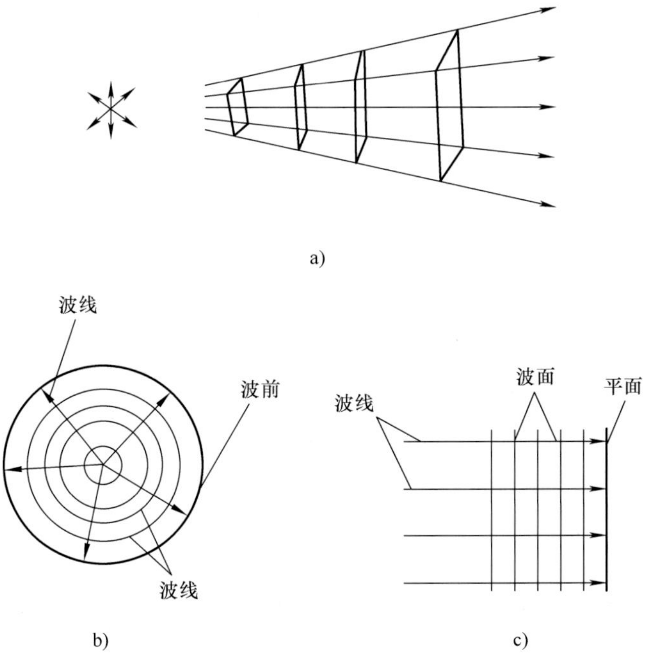


**图 2-16　各向同性介质中的波**

a）点波源　b）球面波　c）平面波

如果波源的大小和形状与波的传播距离相比较可以忽略不计，则称为点波源。对于各向同性的均匀弹性介质（指介质各个方向上的密度、弹性模量等都相同）而言，振动由波源向各个方向传播的速度是一样的。因此，波前和波面是以点波源为中心的球面。若振动离点波源极远时，则在一定范围的局部区域内，波面和波前可视为平面（图 2-16c）。

若按波面的形状将波进行分类，波前为球面的波称为球面波，波前为平面的波称为平面波。

波的传播方向即为沿波的传播方向做一系列直线，称之为波线。在各向同性的介质里，对于球面波，波线是沿各径向的直线；对于平面波，波线是与波面垂直的一组平行直线。

**2. 波动方程**

波动方程是声场的基本关系式，它不仅是描述波运动的数学方程，也是计算声学问题的基本关系式。在研究声发射及信号处理问题中，具有重要意义。

存在声波的空间称为声场。描述声场时间、空间变化规律和相互联系的数学方程称为声波的波动方程。一切简单或复杂的声学现象规律，乃至各种工程应用都必须遵循声波方程所描述的科学规律；声发射现象也毫不例外地遵从这个规律。

为简化其数学处理，实际应用中常对大多数声学工程问题进行简化，但这些简化并不能产生多大的作用。如一般假设理想流体介质满足三个基本物理定律：牛顿第二定律（压力变化与质点速度之间的关系）、质量守恒定律（可压缩介质与质点速度之间的关系）、热力学定律（介质中压强变化与密度变化之间的关系），再由三个基本定律得到的三个基本方程为运动方程、连续性方程和物态方程。

（1）声波方程

1）一维声波方程。假定介质中传播的是小幅声波，即各声学量都是一级微量。如声压远小于介质中的静态压强；介质质点振动速度远小于声波的传播速度；质点位移远小于声波波长；介质密度变化量远小于静态密度。若声波仅在空间一个方向（如 $x$ 方向）传播，而在其他两个方向 $y$ 和 $z$ 上声场都是均匀的，则

$$\frac{\partial^2 u}{\partial x^2}=\frac{1}{c_0^2}\frac{\partial^2 u}{\partial t^2} \tag{2-4}$$

式中，$c_0$ 为声波在介质中的传播速度，简称为声速（与介质静态物理特性有关的常数）。

式（2-4）即为一维的声波方程。

2）三维声波方程。声学工程实际表明，声波不会常限于一维方向传播。为普遍起见，在三维空间中，把一维的声波方程推广为三维声波方程，即

$$\nabla^2 u=\frac{1}{c_0^2}\frac{\partial^2 u}{\partial t^2} \tag{2-5}$$

式中，$\nabla^2$ 为拉普拉斯算子；在直角坐标系中，$\nabla^2=\frac{\partial^2}{\partial x^2}+\frac{\partial^2}{\partial y^2}+\frac{\partial^2}{\partial z^2}$。

（2）平面声波　平面声波作为一种最简单的声波波形，在声学工程中常作为分析声学问题的起始点，可使问题大大简化，并通过了解平面波的基本特性来认识声波。

平面声波是假设声波仅沿 $x$ 方向传播的声波，在 $yz$ 平面上所有质点的运动是均匀的，如质点的振幅及相位均相同。深入了解平面声波，理论上就是求解一维声波方程［式（2-4）］，其适合声学问题的解析表达式为

$$u(t,x)=A\mathrm{e}^{j(\omega t-kx)} \tag{2-6}$$

式中：$A$ 为待定常数；$\omega$ 为声波角频率；$k=\omega/c_0$，$k$ 被定义为传播常数，简称波数，$c_0$ 为声速；$j$ 为虚数符号，$j=\sqrt{-1}$。

需要说明的是：式（2-6）表明，在忽略声波传播过程中，声波没有遇到反射体，则不会出现反射；只有向前行进的波，简称行波。

若求得声压 $p$，即可得介质中的质点速度为

$$v(t,x)=v_0\mathrm{e}^{j(\omega t-kx)} \tag{2-7}$$

式中，$v_0$ 为质点速度的幅值，与静态压强、介质密度和声速有关。

理想介质中，平面声波质点速度的幅值是不随距离变化的常数，即声波在传播过程中无任何衰减。因为理想介质不存在黏滞损耗；同时平面声波的波阵在传播过程中一直保持平面不会扩大，声能量也不会随距离的变化而变化。声阻抗率即

$$Z=\frac{p}{v} \tag{2-8}$$

式中：$Z$ 称为声阻抗率；$p$ 为声压；$v$ 为质点扰动速度。

在理想介质中，声阻抗率代表能量通过传播从一处向毗邻的另一处转移，即传播损耗。在平面声场中，平面行波的声阻抗率为

$$Z=\rho_0c_0 \tag{2-9}$$

式中，$\rho_0$ 为介质密度。

声阻抗率对声波传播有重要影响。在声学中将称为介质的特性阻抗，其单位为 Pa · s/m。

**3. 声场辐射**

（1）声源辐射　为便于探寻声源的辐射规律，工程中常将复杂的面声源视为无限多个点声源的集合。设一半径为 $r$、表面做均匀微小胀缩振动的球体，其紧邻的介质质点在其带动下随之振动，而产生辐射声波。因球面的振动具有各向均匀的脉动性质，所以，辐射声波的波阵面是均匀球面，辐射波为均匀球面声波。球面波辐射如图 2-17 所示。

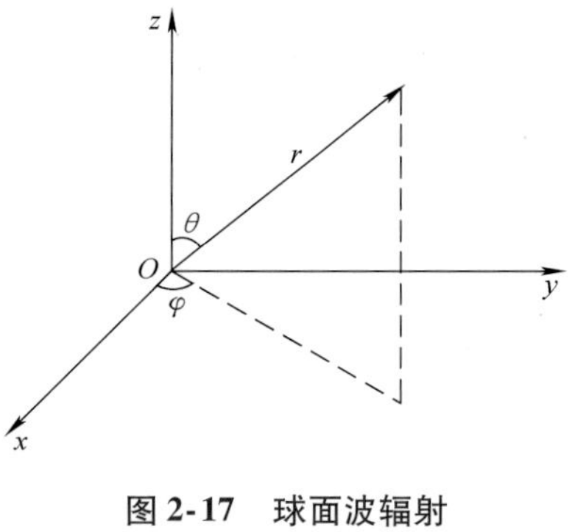


图 2-17　球面波辐射

球面声辐射源的辐射规律以三维声波描述比较方便，三维声波方程的直角坐标经变换得

$$\begin{cases} x = r\sin\theta\cos\varphi \\ y = r\cos\theta\sin\varphi \\ z = r\cos\theta \end{cases} \tag{2-10}$$

对于均匀球面波，辐射空间中的声音仅与径向坐标有关，而与极角 $\theta$ 及方位角 $\varphi$ 无关，所以球坐标下的声波方程可简化为

$$\frac{\partial^2 u}{\partial r^2} + \frac{2\partial u}{r\partial r} = \frac{1}{c_0^2}\frac{\partial^2 u}{\partial t^2} \tag{2-11}$$

（2）声场辐射规律　假设空间不存在反射面即无反射波，通过动力学质点方程可得质点沿径向 $r$ 的速度 $v_r$ 为

$$v_r = \frac{A}{r\rho_0 c_0}\left(1 + \frac{1}{jkr}\right)e^{j(\omega t - kr)} \tag{2-12}$$

式中：$\frac{|A|}{r}$为声压增幅；$A$ 取决于球声源表面的振动状况，$|A|$不仅与球源的振动速度幅值成正比，还与声波频率、球源半径等有关。

如果球源振动速度幅值相同，当球源较小或振动频率较低时，辐射声波的幅值较小；当球源较大或频率较高时，辐射声波的幅值较大。如果大小一定的球源振动速度幅值一定，则频率越高，辐射声压幅值越大；频率越低，辐射声压幅值越小。而对于一定频率的声源，则球源半径越大，辐射声波的幅值越大；反之，半径越小，辐射声波的幅值越小。声辐射与声源大小及声波频率的关系，在工程实践和日常生活中具有普遍的意义。

可以看出，脉动球声源在自由空间的辐射遵从下述规律：声音强弱与径向距离有关；声压振幅随径向距离反比例地减小，意味着在球面声场中离声源越远，声音越弱。球面声波的这一重要特性，即辐射声场的这一规律已为人们生活常识所证明。例如：人们低频声音说话时的声波可视为球面声源，声波的球面波向周围传播；距离越近，声音较强；距离越远，声音就显得越弱。

（3）声辐射阻抗

与力学中的质量、弹簧、阻尼与振动速度的关系类似，当声源向介质辐射声波时，介质相当于由一等效力阻和等效质量块所组成的系统，也要“消耗”能量及对声源产生附加质量。声源在介质中振动时会产生辐射阻和辐射抗，这也是声辐射的重要特性之一。

### 2.1.6　影响声发射特性的因素

声发射来自材料的变形与断裂机制，因而所有影响变形与断裂机制的因素均构成影响声发射特性的因素。

1）材料，包括成分、组织、结构。例如：金属材料中的晶格类型、晶粒尺

寸、夹杂、第二相、缺陷、复合材料中的基材、增强剂、界面、纤维方向、辅层、残余应力等。

2）试件，包括尺寸与形状。

3）应力，包括应力状态、应变率、受载历史。

4）环境，包括温度、腐蚀介质。

这些因素，对合理选择检测条件，正确解释检测结果，均为需考虑的基本问题。影响声发射强度的主要因素见表 2-1。

**表 2-1　影响声发射强度的主要因素**

| 类型 | 产生高强度的因素 | 产生低强度的因素 |
|---|---|---|
| 材料特性 | 高强度<br>各向异性<br>不均匀性<br>焊缝或铸造组织<br>粗晶粒<br>有缺陷<br>有夹杂或第二相 | 低温度<br>各向同性<br>均匀<br>锻造组织<br>细晶粒<br>无缺陷<br>无夹杂或第二相 |
| 应力状态 | 厚断面或平面应变<br>无预载<br>高应变率 | 薄断面或平面应力<br>有预载<br>低应变率 |
| 变形和断裂方式 | 裂纹扩展<br>解理断裂<br>纤维断裂<br>马氏体相变<br>孪晶变形 | 位错运动<br>剪切断裂<br>基材开裂<br>扩散型相变<br>滑移变形 |
| 环境 | 低温<br>腐蚀介质 | 高温<br>非腐蚀介质 |

## 2.2　声信号分析与处理方法

### 2.2.1　声信号类型

在示波器上观察到的传感器输出声发射信号有两种基本类型：突发型和连续型（图 2-18）。

突发型信号，指在时域上可分离的波形。实际上，所有声发射源过程，均为突发过程，如断续的裂纹扩展、复合材料的纤维断裂等。不过，当声发射频

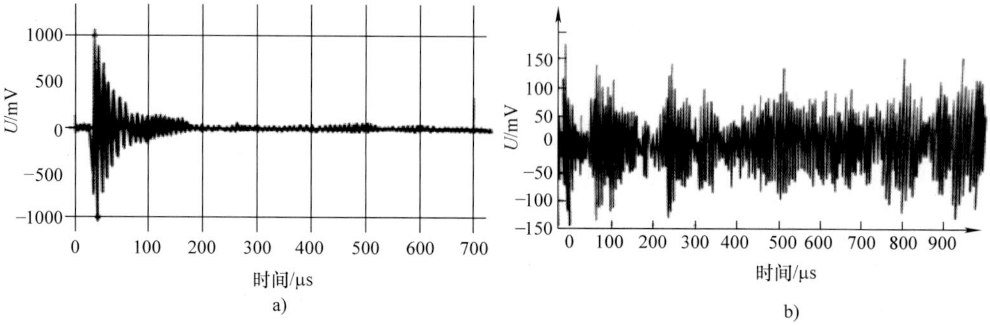


**图 2-18　声发射信号类型**

a）突发型　b）连续型

度高达时域上不可分离的程度时，就以连续型信号显示出来，如塑性变形声发射过程前期的信号、泄漏信号、燃烧信号等。在实际检测中，也会出现其混合型。

对不同的信号类型，要采用不同的信号处理方法。早期的通用系统，多以突发型信号检测为主，而在一些专用检测仪中设有连续型信号的检测功能。近年来的通用系统，已经可以同时采集两类信号了。

由于材料不同及工艺、形状尺寸差异等原因，材料中或多或少存在一定缺陷，并在一定条件下就会有声发射信号产生。同时，因为材料界面而形成传输衰减、折射效应等，以及因为产生摩擦信号、机械噪声、电磁噪声、环境噪声等共同叠加在检测信号中，这会给现场检测提出一个问题，即如何从检测到的信号中将真正有用的表征不同类型缺陷的声发射信号提取出来。

## 2.2.2　信号特性参数

一般认为，超过门槛的声发射信号由特征提取电路变换为几个信号特性参数。连续信号参数包括振铃计数、平均信号电平和有效值电压，而突发信号参数包括撞击（事件）计数、振铃计数、幅度、能量计数、上升时间、持续时间和时差。常用突发信号特性参数如图 2-19 所示。

**1. 声发射事件计数**（event count）**与撞击计数**（hits）

撞击（hit）是指通过门槛并导致一个系统通道累计数据的任一声发射信号。撞击计数（hits）则是系统对撞击的累计计数，可分为总计数和计数率。计数率是指单位时间的累计个数。前面已讲过声发射事件，当一个声发射事件发生时，信号通过介质传播可能被几个传感器接收并形成几个撞击，对检测系统而言，一个声发射事件是指一个或几个撞击所鉴别出来的一次材料局部变化。因此，声发射事件计数即是检测系统对鉴别出来的声发射事件的累计结果，它也分为

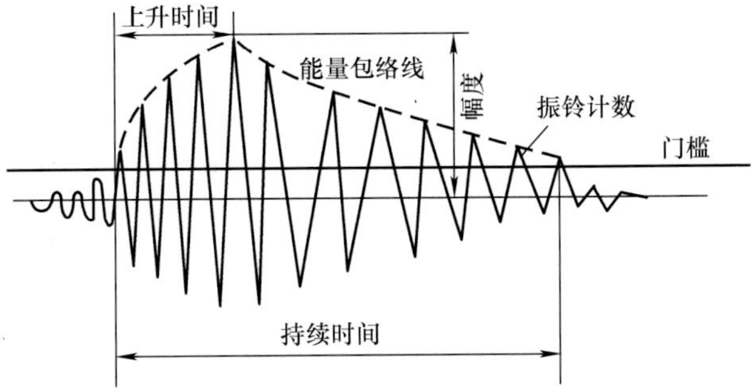


图 2-19　突发信号特性参数

总计数和计数率两种。声发射事件计数不仅可以反映声发射事件的总量，还可以反映声发射事件的频度，主要用于声发射源的活动性和定位集中度的评价。同样，撞击计数也可以反映声发射活动的总量和频度，通常用于声发射活动性评价。

**2. 振铃计数**（count，ring - down count）

振铃计数是最通用的声发射评估技术。当一个事件撞击传感器时，它使传感器产生振铃。所形成的超过阈值的电信号的每一振荡波均记为一个振铃计数。振铃计数就是越过门槛信号的振荡次数，可分为总计数和计数率。

振铃计数的引入使信号处理简化，适宜于表征突发声发射和连续声发射两类信号，又能粗略反映信号强度和频度，因而广泛用于声发射活动性评价。但同样的信号在门槛不同时振铃计数会不同，若将门槛提高，振铃计数会有所减少，而且受门槛高低偏差而变化较大。

**3. 幅度**（amplitude）

幅度是声发射信号的重要参数，与事件的大小有直接的关系，不受门槛的影响，直接决定事件的可测性。常用于信号源的类型鉴别，强度及衰减的测量。

**4. 有效值电压和平均信号电平**

有效值电压（RMS）是采样时间内信号电平的均方根值，以 V 表示，与声发射的大小有关。其测量简便，不受门槛的影响，适用于连续型信号，以及主要用于连续型声发射活动性评价。

平均信号电平（ASL）是采样时间内信号电平的均值，以 dB 表示。提供的信息和应用与 RMS 相似，对幅度动态范围要求高而时间分辨率要求不高的连续型信号尤为有用。也用于背景噪声水平的测量。

**5. 持续时间**（duration）

持续时间是事件信号第一次越过门槛至最终降至门槛所历经的时间间隔，

以 μs 表示。它与振铃相关，近似于振铃计数与传感器每一次振荡时间周期的乘积。与振铃计数十分相似，但常用于特殊波源类型和噪声的鉴别。

**6. 能量计数**（energe）

能量计数是事件信号检波包络线下的面积，可分为总计数和计数率。能量计数可以反映事件的相对能量或强度，对门槛、工作频率和传播特性不甚敏感，可取代振铃计数，也用于波源的类型鉴别。

**7. 其他声发射参数**

1）上升时间（risetion）：是事件信号第一次越过门槛至最大振幅所历程的时间间隔，以 μs 表示；表示信号超过门槛水平到峰值所经过的时间。因易受传播的影响而其物理意义变得不明确，有时用于机电噪声鉴别以滤除机械噪声和电子噪声。

2）时差：同一个声发射波到达各传感器的时间差，以 μs 表示。可以根据时差大小、传感器间距和传播速度计算出声发射波源的位置，进而可以预测缺陷位置作进一步检测分析。

3）外变量：试验过程外加变量，包括历程时间、载荷、位移、温度及疲劳周次等。不属于信号参数，但属于撞击信号参数的数据集，可以用于声发射活动性分析，以了解试验过程中外变量的变化与声发射参数的相互关系。

常用信号特性参数的含义和用途见表 2-2。

**表 2-2　声发射信号参数**

| 参数 | 含义 | 特点与用途 |
|---|---|---|
| 撞击（hit）和撞击计数 | 撞击（hit）是通过门槛并导致一个系统通道的任一声发射信号。撞击计数（hits）则是系统对撞击的累计计数，可分为总计数和计数率 | 反映声发射活动的总量和频度，常用于声发射活动性评价 |
| 事件计数 | 由一个或几个撞击鉴别所得声发射事件的个数，可分为总计数、计数率。一阵列中，一个或几个撞击对应一个事件 | 反映声发射事件的总量和频度，用于源的活动性和定位集中度评价 |
| 振铃计数 | 越过门槛信号的振荡次数，可分为总计数和计数率 | 信号处理简便，适于两类信号，又能粗略反映信号强度和频度，因而广泛用于声发射活动性评价，但甚受门槛的影响 |
| 幅度 | 事件信号波形的最大振幅值，通常用 dB 表示（传感器输出 1μV 为 0dB） | 与事件的大小没有直接的关系，不受门槛的影响，直接决定事件的可测性，常用于波源的类型鉴别、强度及衰减的测量 |

（续）

| 参数 | 含义 | 特点与用途 |
| --- | --- | --- |
| 能量计数 | 事件信号检波包络线下的面积，可分为总计数和计数率 | 反映事件的相对能量或强度，对门槛、工作频率和传播特性不甚敏感，可取代振铃计数，也用于波源的类型鉴别 |
| 持续时间 | 事件信号第一次越过门槛至最终降至门槛所历程的时间间隔，以 μs 表示 | 与振铃计数十分相似，但常用于特殊波源类型和噪声的鉴别 |
| 上升时间 | 事件信号第一次越过门槛至最大振幅所历程的时间间隔，以 μs 表示 | 因易受传播的影响而其物理意义变得不明确，有时用于机电噪声鉴别 |
| 有效值电压（RMS） | 采样时间内，信号电平的均方根值，以 V 表示 | 与声发射的大小有关。测量简便，不受门槛的影响，适用于连续型信号，主要用于连续型声发射活动性评价 |
| 平均信号电平（ASL） | 采样时间内，信号电平的均值，以 dB 表示 | 提供的信息和应用与 RMS 相似。对幅度动态范围要求高而时间分辨率要求不高的连续型信号，尤为有用。也用于背景噪声水平的测量 |
| 时差 | 同一个声发射波到达各传感器的时间差，以 μs 表示 | 决定于波源的位置、传感器间距和传播速度，用于波源的位置计算 |
| 外变量 | 试验过程外加变量，包括历程时间、载荷、位移、温度及疲劳周次 | 不属于信号参数，但属于撞击信号参数的数据集，用于声发射活动性分析 |

### 2.2.3　噪声的排除

#### 1. 声发射噪声的类型

噪声来源类型包括机械噪声和电磁噪声。机械噪声是指由于物体间的撞击、摩擦、振动所引起的噪声；而电磁噪声是指由于静电感应、电磁感应所引起的噪声。

#### 2. 噪声的来源

声发射检测过程中常见的电磁噪声来源：①由于前置放大器引起的不可避免的本底电子噪声；②因检测系统和试件的接地不当而引起地回路噪声；③因环境中电台和雷达等无线电发射器、电源干扰、电开关、继电器、电动机、焊接、电火花、打雷等引起的电噪声。

声发射检测过程中常见的机械噪声来源主要有三个方面：摩擦引起的噪声、撞击引起的噪声、流体过程产生的噪声。即：①摩擦噪声，加载装置在加载过程中的由于相对机械滑动引起的声响，包括试样夹头、施力点、容器支架、螺钉、裂纹面的闭合与摩擦等；②撞击噪声，包括雨、雪、风沙、振动及人为敲打；③流体噪声，包括高速流动、泄漏、空化、沸腾、燃烧等。

### 3. 噪声的排除方法

噪声的鉴别和排除，是声发射技术的主要难题，现有许多可选择的软件和硬件排除方法。有些需在检测前采取措施，而有些则要在实时或事后进行。噪声的排除方法、原理和适用范围见表2-3。

表2-3　噪声的排除方法、原理和适用范围

| 排除方法 | 原理 | 适用范围 |
| --- | --- | --- |
| 频率鉴别 | 选择滤波器，放传感器前 | 小于100kHz的机械噪声 |
| 幅度鉴别 | 调整固定或浮动检测门槛值 | 低幅度机电噪声 |
| 前沿鉴别 | 对信号波形设置上升时间滤波窗口 | 来自远区的机械噪声或电脉冲干扰 |
| 主副鉴别 | 用波到达主副传感器的次序及其门电路，排除先到达副传感器的信号，而只采集来自主传感器附近的信号，属空间鉴别 | 来自特定区域外的机械噪声 |
| 符合鉴别 | 用时差窗口门电路，只采集特定时差范围内的信号，属空间鉴别 | 来自特定区域外的机械噪声 |
| 载荷控制门 | 用载荷门电路，只采集特定载荷范围内的信号 | 疲劳试验时机械噪声 |
| 时间门 | 用时间门电路，只采集特定载荷时间内的信号 | 点焊时电极或开关噪声 |
| 数据滤波 | 对撞击信号设置参数滤波窗口，滤除窗口外的撞击数据，包括前端实时滤波和事后滤波 | 机械噪声或电磁噪声 |
| 其他 | 差动式传感器，前放一体式传感器，接地、屏蔽，加载销孔预载、隔声材料及示波器观察等 | 机械噪声或电磁噪声 |

## 2.3　声学检测原理

声发射技术（Acoustic Emission，简称AE）是20世纪50年代后迅速发展起来的一种无损检测方法。声发射是一种常见的物理现象，如弯曲树枝会发出声音，树枝折断时，声音就更大。这种材料因受外力或内力作用产生变形或断裂，

或者构件在受力状态下以弹性波形式释放应变能的现象，称为声发射现象。声发射检测的基本原理就是由外部条件（如力、热、电、磁等）的作用使物体发声，根据物体的发声推断物体的状态或内部结构的变化。由物体发射出来的每一个声信号都包含着反映物体内部缺陷性质和状态变化的信息。声发射检测就是接收这些信号，并加以处理、分析和研究，从而推断材料内部的状态变化。图 2-20 为声发射检测原理示意图。

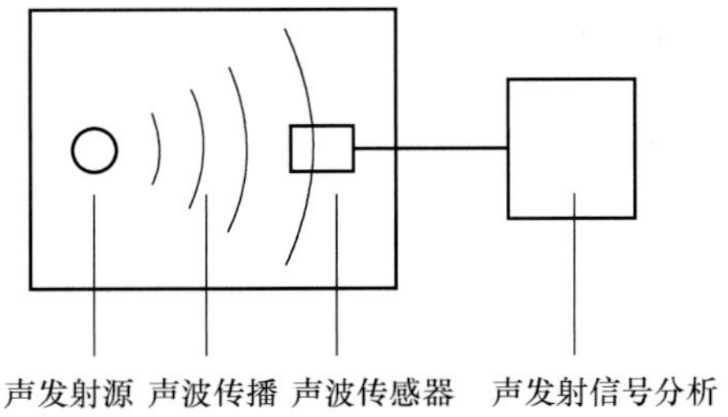


**图 2-20　声发射检测原理示意图**

锅炉在运行时，炉内管道充满高温、高压介质。如果发生泄漏，这些高温、高压介质就会通过裂缝或破口喷射出来形成喷流。喷流流入周围环境气流时，高速喷流介质和周围环境介质急剧混合，从而使得喷流边界层形成强烈的湍流脉动，产生频带较宽的喷流混合噪声。另外，泄漏同样也会在管道中激发出应力波，然后通过和管道相互作用，声源向外辐射能量形成声波。从广义上来讲，声波的这两种传播方式均可认为是声发射现象。只是在锅炉内部高温的工作环境下，泄漏声波会通过烟气到达声波传感器的检测技术更加成熟可靠。同时，锅炉正常运行时还会产生相当强的背景噪声。锅炉“四管”泄漏声学检测技术的基本原理就是在锅炉各个受热面及联箱处安装特制的声波传感器，采集炉内通过烟气传播的连续、非瞬态噪声信号，并分析处理，从而建立了锅炉“四管”泄漏的检测系统。传感器采集接收所有的现场声音数据，通过前置放大器将声音信号转变为电信号，并将此电信号远距离传输到控制室的检测系统上。检测系统对所采集到的电信号进行 A/D 转换，并由专门的计算机软件根据数学模型进行计算分析，区分出背景噪声和异常噪声，以此判断是否存在泄漏、泄漏的程度及泄漏发展趋势，进而发出报警。

声发射技术作为一种较新的检测方法，与常规的无损检测方法相比，有如下一些特点：

1）声发射是在材料或构件的缺陷发生变化时产生的，所以它是一种动态无损检测方法。即在构件或材料的内部结构、缺陷或潜在缺陷处于运动变化的过程中进行无损检测。它可以实时地反映缺陷的动态信息，实现实行检测。

2）可对大型构件提供整体或大范围的快速检测。由于不进行复杂的检查操作，而只要布置好足够数量的传感器，就可确定缺陷区域，从而易于提高检测效率。

3）由于对被检材料的接近程度要求不高，因而适用于其他方法难于或不能接近环境下的检测，如高温、易燃、易爆等环境；而且声发射检测时不需要移动传感器，操作简便，灵敏度高。

4）除极少数材料外，金属和非金属材料在一定条件下都有声发射发生。所以，声发射的检测几乎不受材料的限制。

综上所述，声发射技术是根据结构缺陷发出的声波判断结构内部损伤程度的一种无损检测方法，它与超声、X射线等常规无损检测方法的主要区别在于声发射技术是一种动态无损检测方法，它能连续监测结构发生损伤的全过程。但在实际应用的过程中，声发射检测技术仍存在许多问题，如传感器的质量问题、背景噪声和泄漏噪声的区分处理、系统整体的可靠性、探头安装问题等。其中关键的问题之一是背景噪声和泄漏噪声的区分。由于炉内噪声的复杂性及汽、水泄漏噪声的频段差异，发生轻微泄漏时，很难准确地将锅炉泄漏噪声和背景噪声区分开，从而出现漏报和误报的情况。为了解决这些问题，有必要对锅炉泄漏声学检测技术做深入细致的实践研究。

# 第3章

# 锅炉炉管泄漏特性研究

电站锅炉主要由“锅”和“炉”两部分组成。“锅”是容纳水和蒸汽的受压部件，对水进行加热、汽化和汽水分离，“炉”是进行燃料燃烧或其他热能放热的场所，有燃烧设备和燃烧室炉膛及放热烟道等。可以说锅炉是一种能量转换器，它是利用燃料燃烧释放的热能或其他热能将工质水或其他流体加热到一定参数的设备。

通常我们把电站锅炉本体承压管件中的水冷壁管、省煤器管、过热器管和再热器管合称为锅炉“四管”。省煤器管安装在锅炉尾部烟道的低温部分，水冷壁管布置于炉膛，“四管”均是电站锅炉的关键部件，它们是自燃循环锅炉的主要受热面，主要作用是吸收锅炉炉膛内或烟道中的热量，并蒸发或汽化推动整个给水流动。

水冷壁管、省煤器管、过热器管和再热器管由于过热、腐蚀、磨损等原因引起的泄漏、破裂或者爆管等事故现象称为“四管”泄漏。据统计，锅炉运行中产生的各类事故中，“四管”泄漏事故占了30%以上，有的机组甚至高达50%～70%，“四管”泄漏危害极大，造成电站非计划停运，增加了设备检修工作量，严重影响发电厂的正常生产和安全运行，直接的经济损失为几十万及至上百万元。因此，如果能够及早检测锅炉炉管泄漏，不仅有助于电站提前制定维修策略，而且可以减少炉管泄漏事故造成的人员伤害和经济损失。

## 3.1 过热器爆管失效研究

过热器是锅炉的重要组成部分，它的作用是将饱和蒸汽加热成为有一定温度的过热蒸汽。为了提高热循环效率，现在的过热蒸汽参数已经由原先的超高压提高至亚临界、超临界、超超临界等压力。过热器管子采用的材料有15CrMoG、12Cr1MoVG、12Cr2MoWVB、SA213－T91、SA213－T92、TP304、TP347、Super304H、TP347HFG、HR3C等耐高温材料。过热器根据它所采用的传热方式分为对流过热器、半辐射过热器（屏式过热器）及辐射过热器。目前的大型电站中通常采用上述三种形式的串级布置系统。

过热器工作环境恶劣，在“四管”泄漏中，过热器管失效频率最高，而且随着旧机组服役时间的增加及新机组参数的提高，过热器管的失效事故有逐年上升的趋势。根据我国电站实际情况的调研，过热器管的失效机理主要有长期过热、短期过热、磨损、水汽侧的氧腐蚀、应力腐蚀裂纹、热疲劳、高温腐蚀、异种金属焊接质量等。

过热器爆管失效可产生如下现象：

1）蒸汽流量急剧下降，蒸汽流量不正常地小于给水流量。

2）燃烧室、炉膛内由负压突然变为正压，严重时从炉膛孔门向外喷出炉烟和蒸汽。

3）过热蒸汽管道附近有蒸汽喷出的响声。

4）过热蒸汽温度变化。

5）排烟温度降低；烟气颜色变成灰白色或白色。

6）过热器后烟温度差增大。

7）引风机负荷增大，电流增高。

### 3.1.1 过热器长期过热爆管的机理、形式与特征

以河北兴泰发电有限责任公司的锅炉为研究对象，其过热器爆管主要的原因有长期过热、金属老化、高温腐蚀和检修质量不良。其中长期过热为最主要原因，在过热器爆管原因中占43%。以下对长期过热现象与过程进行分析。

**1. 长期过热的概念**

过热也可相应分为长期过热和短期过热两种。由于过热是与爆管紧密相连，因而所谓长期过热是指金属长时间在应力和超温的作用下导致管子爆管，其所超过的温度水平，要比短期过热的超温温度水平低得多，并且通常不超过钢的临界点温度。短期过热则反之，管子金属在超短期内由于温度升高而在应力作用下爆管。其超温温度水平较高，并通常超过 $A_{C1}$ 温度，因而会出现相变。长期过热是一个缓慢的过程，长期过热是由于蠕变变形而使管子爆破，而短期过热则往往是一个突发的过程。管子金属在很高的超温温度下被内部介质的压力作用而很快爆破。由于它们的爆破过程不同，因而短期过热和长期在爆破口的变形量、破口形状及破口的组织变化上都会有所不同。大量的爆管事例表明，通常短期过热多发生在锅炉过热器管上，而长期过热则多发生在过热器管上。要把承压受热部件过热的概念与热处理缺陷的过热区分开来。后者是一种热处理的缺陷，是由于过高的加热温度使奥氏体晶粒粗大，并在一定的冷却条件下产生魏氏组织，致使钢的冲击韧性降低。这种缺陷可用重新在较低温度下加热奥氏体化，随后冷却的热处理来清除。过热是作为分析爆管的现象而提出的概念，而与高温零部件的使用寿命相连，并用以说明金属在爆管时的断裂过程的本质。如长期过热是对应于蠕变断裂，而短期过热则对应于高温快速拉断。两个过热，

虽然名词相同，但含义却截然不同。

**2. 长期过热爆管的特征概念**

长期过热，造成的爆管破口不大，破口的断裂面粗而不平整，破口边缘是钝边，减薄很少，并不锋利，破口附近并有众多的平行于破口的蠕变裂纹。通常由于长期处于高温下运行，破口外表面上会出现一层较厚的氧化皮，该氧化皮很脆，且容易剥落。破口实物如图 3-1 所示。另外，管径胀粗具有典型的蠕变断裂特征。

**3. 长期过热的爆管过程的特征概念**

管子在高温下运行时，所受的应力主要是由于水或汽水混合物内压所造成的对管子的切向应力。在这种应力的作用下，使管子发生胀粗。当过热器在正常的设计应力作用下并于额定温度下运行，管子以相当于 $10^{-7}$mm/mm · h 数量级的蠕变速度发生管子的正常径向蠕变。当管子由于超温而长期过热时，由于运行温度提高，既是管子所受应力不变，管子也会以加快了的蠕变速度而使管径胀粗。蠕变速度的加快程度与超温水平有关。随着超温幅度的提高，蠕变速度也会增加（10、100、…）倍，而由 $10^{-7}$mm/mm · h 时增加为（$10^{-6}$、$10^{-5}$、…）mm/mm · h 数量级。于是，随着超温运行时间的增加，管径就越胀越大，慢慢地在各处产生晶间裂纹；晶间裂纹的继续积聚并扩大就成为宏观轴向裂纹，最后以比正常温度正常压力小得多的运行时间而开裂爆管。

**4. 金相分析**

过热器管因受到长期过热而爆管，爆口处迎烟气侧组织为铁素体 + 碳化物，原有的珠光体已经严重球化，珠光体区域已完全消失，钢中的渗碳体已分布在铁素体的晶界上，球化程度严重，破口强度已显著降低，如图 3-2 所示。背烟气侧组织基本上为铁素体 + 块状珠光体，珠光体没有球化现象，为正常组织。

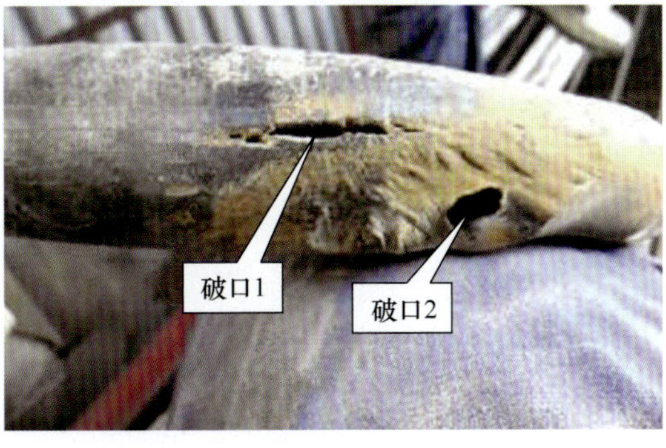


图 3-1　长期过热爆管的破口实物

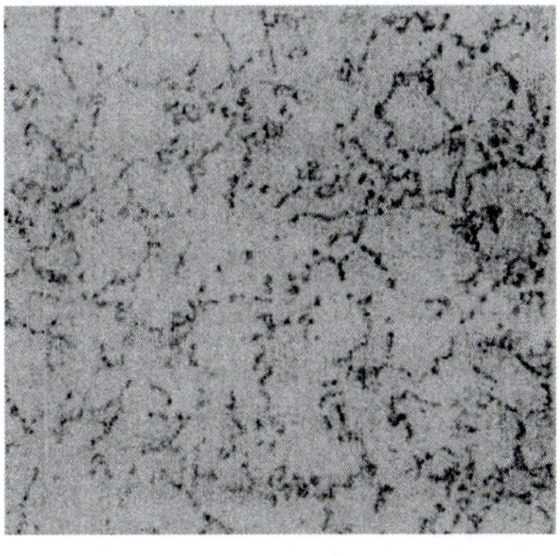

图 3-2　长期过热爆管的破口组织

### 3.1.2　过热器泄漏防范

锅炉炉内布置了大量过热器管，煤粉在炉膛中燃烧放出的热量，以辐射、导热和对流的传热方式传递给过热器内的介质。随着锅炉容量的不断提高，设备结构更加趋于复杂，不可避免地导致并联的各过热器管的流量及吸热的差异。同时，锅炉运行的复杂性又使管组在宽度和高度方向上出现吸热不均，导致锅炉过热器管产生破裂，发生炉管泄漏事故。过热器的工作条件非常恶劣，过热器管的泄漏是必然的，且任何位置上的管子都有泄漏的可能。过热器泄漏事故，在锅炉事故总数中占有很大的比例。而一旦过热器管发生泄漏，就会冲刷临近的管子，使过热器管产生大面积损坏，造成更大的损失，所以在早期发现过热器泄漏是很有意义的。

过热器泄漏主要是由于长期超温所致，而长期超温常与热偏差联系在一起。过热器受热面内工质温度很高，而且多布置在烟温较高的区域内，工作条件非常恶劣，且受热面管壁温度已接近金属材料的极限使用温度。尽管常规运行下锅炉出口过热汽温通过汽温调节后保持额定汽温值，但由于热偏差的存在，必然有部分管内工质温度已超过额定汽温值，而部分管内工质温度却未达到额定值；受热面管圈之间管内蒸汽温度分布及管壁金属温度分布存在一定的差异。在一定的设计条件或运行条件下，这种差异若被放大或总体温度水平严重偏离额定值，就会引起过热器的汽温问题。

汽温问题可分为两大类：①总体超温或欠温，过热汽温或减温水量严重偏离额定值；②局部超温，过热器管组中某些管片中的某些管子金属温度超过许用温度。总体汽温偏差主要由设计和运行原因引起。造成过热器和再热器吸热量与设计值之间存在较大偏差的原因主要包括热力计算不准确、炉内燃烧组织不合理及煤质变化等导致炉膛出口烟温远离设计值、吹灰器工作不正常等。形成局部超温的原因主要有以上论述的烟气侧偏差，过热器及集箱系统设计不合理导致各管片间管内蒸汽流量与吸热量不匹配，同屏管子间蒸汽流量与吸热量不匹配等。

过热器泄漏的防范措施有以下几种。

**1. 进行锅炉校核设计**

聘请专业设计单位为锅炉校核设计，优化调整锅炉布置，适应当前煤种，保证汽温和烟温指标，达到安全经济运行。

**2. 采取过热器高温防腐蚀措施**

在当前燃煤状况对于锅炉已形成影响的情况下，应对锅炉加大资金投入，用于锅炉“健康”状况的恢复。加大更换受热面管力度和积极采取防止泄漏如主要针对锅炉受热面的防磨措施及高温防腐蚀措施。例如：对于炉膛出口受热面利用大修时机，进行喷涂高铬抗蚀涂料，防止高温垢下腐蚀的发生，以抵抗高硫煤的影响。

**3. 保证入炉煤品质**

锅炉燃煤品质对于锅炉的健康状况影响至关重要。尽可能地改善燃煤品质是解决问题的最有力措施。进一步加强煤场管理和燃料配送的力度，保证合理掺配，杜绝禁运煤入厂，保证入炉煤的品质，对于锅炉可靠性的提高具有重要的意义。

**4. 合理调整炉内燃烧**

调整好一次风和给粉机转速，风、风粉和火嘴投用的层次要均匀，低负荷时要集中某一层。

加装一次风风粉浓度和一次、二次风在线测量装置，以提高燃烧调整水平，保证锅炉的安全性和经济性。减弱炉膛出口烟气的残余旋转。煤质变差是目前普遍存在的问题，针对此问题必须加强燃烧调整完善制粉系统，提高制粉出力；严格控制煤粉细度在合格范围内等，这些都是首先要解决的问题。

**5. 监督与检测方面**

加强过热器泄漏的监督与检测，即保证在微小泄漏时向运行人员报警，及时停止锅炉运行，防止过热器大面积被吹损。

## 3.2 再热器爆管失效研究

再热器类似过热器，用于提高蒸汽温度，目的是提高蒸汽的焓值，最后提高电厂热力循环效率。再热器的作用方式是将汽轮机高压缸的排汽加热到与过热蒸汽温度相等（或相近）的再热温度；然后再送到汽轮机中压缸及低压缸中膨胀做功。在受热面中，再热器和过热器是工作温度最高的受热面，而再热器内流动的蒸汽压力比较低，一般为过热蒸汽压力的20%左右。而且其中蒸汽的流速比较低，导致再热器管壁的放热系数很小，对管壁的冷却能力较差；而管外又是高温烟气，使得再热器管壁温度内外温差比较大。同时，工质的比热容小。再热器对热偏差比较敏感，容易超温。目前，再热器管子采用的材料有SA213－T22、SA213－T91、SA213－T92、Super304H、TP347等耐高温材料。

### 3.2.1 再热器爆管的直接原因

**1. 设计方面**

由于切圆燃烧的炉内旋转上升气流由炉膛出口进入对流烟道时，存在相当强的残余旋转，易引起对流烟道两侧的烟速差和烟温差；会使烟道内热负荷分布不均，而热负荷较高区域再热器容易引起超温爆管。若设计时，水冷壁受热面传热参数选择不合理，会使实际运行时炉膛出口烟温高于设计值；再热器结构布置不合理，会导致烟气流速、热负荷不均匀，形成局部磨损、超温，导致爆管。

**2. 制造方面**

钢材性能不满足运行条件；制造过程中，母材缺陷及焊接工艺等环节质量把控不严导致爆管。

**3. 运行方面**

给水品质控制不严格；燃烧调整不合理，火焰中心偏高；煤质差，灰分大，使再热器磨损加重，受热面结焦；减温系统调节与燃烧状况调整的配合度差；氧量控制不到位等原因导致爆管。

### 3.2.2 再热器爆管防范措施

再热器受热面发生爆管泄漏一般都是由多方面综合因素所致。设计安装造成的缺陷不易改变，则应主要调整运行手段以减少此类事故的发生。可从以下方面去改善电站锅炉的运行工况：

1）调平入炉一次风速；注意炉内燃烧流场变化情况，及时掌握煤种变化情况。根据不同情况运行及时进行燃烧简化调整，以保证炉内燃烧正常，不出现偏烧现象。

2）结合大小修及时进行炉内管检查工作，检查主要内容为硬度、鼓包、壁厚及膨胀受阻和是否存在烟气走廊。

3）锅炉冷态时，注意监测炉内再热器管分布是否均匀。

4）严格控制汽水品质，降低管壁内壁的结垢和腐蚀；控制氧量降低管束外壁氧化皮的形成，保证良好的换热，减少局部过热的情况。

5）运行注意观察壁温，尽量做到管壁不超温运行；减温系统密切配合燃烧调整。

6）长时间高负荷运行时，及时进行吹灰。

## 3.3 水冷壁爆管失效研究

水冷壁一般布置于炉膛四周，紧贴炉墙形成炉膛，接受炉内火焰和高温烟气的辐射热。水冷壁的主要作用有强化传热、减少锅炉受热面面积、节省金属消耗量；保护炉墙、减少熔渣和高温对炉墙的破坏作用，装设水冷壁后，炉墙的内壁温度大大降低，因此炉墙的厚度可以减小，重量减轻；对于敷在水冷壁管子上的炉墙，水冷壁也有悬吊作用。水冷壁用钢一般应具有一定的室温和高温强度，良好的抗疲劳、抗烟气腐蚀、耐磨损性能，并要有好的工艺性能，尤其是焊接性能。另外，水冷壁管内介质是汽液两相，积垢导致管壁温度升高是选用钢材要考虑的因素。因此需要选择合金含量较高、热强性较好的钢材。目前水冷壁管子采用的材料有 15CrMoG、SA213 - T2、SA213 - T12、12Cr1MoVG 等。

### 3.3.1　水冷壁爆管现象

水冷壁爆管失效产生如下现象：①引风机自动时动叶不正常的开大，电流上升；②炉膛负压减少或变正，严重时可能造成炉膛压力保护动作；③汽包水位下降，给水流量不正常，大于蒸汽流量；④泄漏侧炉膛床温下降，床温测点偏差增大；⑤烟气中水分含量增大，不同位置含氧量出现偏差，且平均值降低；⑥泄漏侧旋风分离器温度下降，两个分离器温差增大；⑦各段烟温下降，气压下降；⑧管子爆破时有明显的响声，炉膛内有泄漏声；⑨泄漏侧一次风量下降或风量不变情况下挡板开度增大，床压波动幅度加大；⑩泄漏严重时冷渣器，埋刮板输渣机内有水，烟囱冒白气。

### 3.3.2　水冷壁爆管直接原因

局部过热形成高温断口是炉管爆裂事故的直接原因。由于炉内水循环不良或管内有杂物堵塞，造成炉管干烧，使得炉管金属温度达到 700℃以上，而作为水冷壁管的 20 钢，其使用温度仅在 -20～475℃之内，炉管在金属温度达到 700℃以上时，其金属强度急剧下降，炉管在受压状态下，断面的环向应力是轴向应力的 2 倍，应力的作用导致炉管沿轴向开裂而发生爆管。锅炉超温爆管有长期超温爆管和短时超温爆管。长期超温爆管一般发生在高温过热器外圈管子向火侧。是由于管子长期在超温下工作，使钢材金相组织发生变化及持久强度降低。其特征是破口呈粗糙脆性断面的大张口，但管壁减薄不多，破口内壁有较厚的氧化铁层。

短时超温爆管，受热面管子在运行过程中，冷却条件恶化，管壁温度在短时间内突然上升。温度最高的向火侧首先发生塑性变形，管径胀粗，管壁减薄；破口呈尖锐的喇叭形且其边缘锋利，具有韧性断裂特征；破口附近有很薄氧化铁（或没有）。

### 3.3.3　水冷壁爆管主要原因

炉管内壁结垢是炉管爆裂的主要原因。

**1. 水垢的形成**

水垢的形成是一个复杂的物理化学过程，其原因有内因和外因两个方面。一是水中有钙、镁离子及其他重金属离子存在，是水垢形成的根本原因，也叫内因；二是固态物质从过饱和的炉水中沉淀析出并黏附在金属受热面上，是水垢形成的外因。当含有钙、镁等盐类杂质的水进入锅炉后，吸收高温烟气传给的热量，钙、镁盐类杂质便会发生化学反应，生成难溶物质并析出。随着炉水的不断蒸发逐渐浓缩，当达到一定浓度时，析出物就会成为固体沉淀，附着在锅筒、水冷壁管等受热面的内壁上，形成一层“膜”阻碍热量传递，这层“膜”称之为水垢。

**2. 水垢引起金属壁过热**

炉管内结垢，引起金属过热，强度降低，危及安全。锅炉在正常运行时，金属壁温一般在280℃以下。当锅炉受热面无垢时，金属受热后能很快将热量传递给水，此时两者的温差约为30℃。但是，如果受热面结成的水垢逐渐增厚，金属壁温则上升到580℃，远远超过了钢材的允许使用温度，这对于没有伸缩余量的受热面来说，就会引起炉管的龟裂。

**3. 水垢破坏水循环**

当炉管内壁生成水垢后，会使得管内流通截面积减少，流动阻力增大，破坏了正常的水循环，使得向火面的金属壁温升高。当管路安全被水垢堵死后，水循环则完全停止，金属壁温则更高，长期下去就易因过热发生爆管事故。

**4. 炉管内结垢，降低锅炉热效率，浪费大量燃料**

锅炉生成水垢后，受热面的传热性能变差，且燃料燃烧时所放出的热量不能迅速传递给炉水；因而大量热量被烟气带走，造成排烟温度升高，增加了排烟热损失，致使锅炉热效率降低及造成锅炉燃料的浪费。

### 3.3.4 防止水冷壁爆管采取的措施

1）严格执行国家对锅炉特种设备管理，健全强化对锅炉的工艺、设备、安全管理，做到动力锅炉每两年检验一次。

2）定期组织对炉管进行酸洗除垢。通过酸洗处理，将水垢中钙、碳酸盐及氢氧化物去除，彻底消除炉管内结垢层。

3）定期对热负荷强的水冷壁管进行割管检查，发现异常情况及时处理，以防止爆管事故的再次发生。

4）加强锅炉的运行管理，增设DCS火焰监视器，对火焰进行直观的监测。做到切圆布置，燃烧充分，减小热偏差，避免火焰直扫炉管。

5）加强锅炉水质的化学监督，保证汽水品质，以及给水、炉水水质符合规定要求。

6）采用国内先进涂层技术，防止水冷壁高温腐蚀和磨损。

动力锅炉通过几年来的技改、技措，在燃烧调整、水质改善、规范操作方面已有了较大的提高。但在对炉管防高温腐蚀与防磨损等方面，还未真正做到防止其腐蚀。通过采用先进喷涂技术，能够延长水冷壁管的使用寿命。特别是在水冷壁卫燃带焊口及其附近补喷一层，防止焊缝腐蚀。水冷壁表面热涂层技术从根本上解决了水冷壁管发生爆管技术难题，对我们从事技术管理工作具有指导和借鉴作用。另外，电弧喷涂表面涂层技术具有优质、高效、低成本等特点，也是一项可以推广的技术。

## 3.4　省煤器爆管失效研究

省煤器是利用锅炉尾部的烟气热量加热给水的热交换装置。省煤器的应用，主要是为了降低排烟温度，提高锅炉效率，节约燃料消耗量，因此称之为省煤器。省煤器的主要作用有节省燃料、改善汽包的工作条件、降低锅炉造价。省煤器工质温度低，环境烟气温度也较低。故无论机组参数如何，金属材料的选材一般没有问题。

目前省煤器常用材料主要为 20G、SA－106C、SA－210C 等。但是，由于省煤器区域烟气流速高，灰粒坚硬，磨损问题仍很突出。因此，在设计中需要重点考虑灰粒磨损的保护措施。省煤器爆管的机理主要有飞灰冲蚀、吹灰冲蚀、点蚀、低温腐蚀、飞灰腐蚀、吹灰腐蚀、热疲劳、腐蚀疲劳。

### 3.4.1　省煤器爆管现象

省煤器爆管事故产生如下现象：

1）给水流量不正常地大于蒸汽流量。

2）严重时锅筒（汽包）水位下降。

3）省煤器管箱层有响声。

4）排烟温度降低。

5）炉膛底部有溢水。

6）烟囱出口有白雾冒出。

### 3.4.2　省煤器爆管原因

#### 1. 烟气温度分布不均导致省煤器管热疲劳

因受引风机的牵引作用及烟气流动的惯性，会造成炉膛出口及竖直烟道存在较大的旋转气流。旋转气流经叠加后导致后墙侧比前墙侧大，使省煤器所在的烟道中烟速分布不均匀，造成烟道竖井内温度分布的偏差，即左右侧烟温偏差为 40～80℃。这都会导致省煤器热疲劳引起爆管。

#### 2. 燃气的含硫量对省煤器管的侵蚀

由于高炉、焦炉煤气中存在 S、Cl 等有害杂质，燃烧过程中产生 $SO_2$、$SO_3$、$H_2S$、HCl 等酸性气体，是多种化学物质在高温下共同对管壁进行的复杂的动态腐蚀过程。含硫物在高温下产生单原子硫，硫元素与管子的铁元素发生反应生成硫化铁（Fe + S→FeS）从而对管壁金属产生腐蚀导致爆管。

**3. 烟气与灰粉颗粒的冲蚀**

省煤器连管间的烟气通过烟道引出，存在涡流。涡流区对连管间的静压分布和支管入口阻力系数都会产生影响，导致烟气在省煤器管束间流速不均。烟气的腐蚀和灰粉颗粒的冲刷在金属表面交替进行，由于管子金属磨损量与烟气流速的三次方成正比，故造成烟速大的地方管壁磨损减薄严重。锅炉运行中的燃烧风量过大会造成烟气量加大，而烟气流速增大而使磨损速度增加。计算表明，过量空气系数由 1.2 增加到 1.3 时，省煤器磨损量增加约 25%，最终导致爆管。

**4. 管材质量差、表面制造缺陷**

安装省煤器管路时工艺不符合要求，致使内应力增大；接口焊接时出现夹渣、气泡、氧化等现象，未及时发现返工，又投入使用导致爆管。

## 3.4.3 预防省煤器泄漏的对策

针对省煤器管泄漏原因，结合近年对锅炉进行大修时的现场经验，相应制定了预防泄漏对策，并在大修后的生产中加强了运行监控及维护管理。主要采取以下措施。

1）采用变频引风机。根据锅炉负荷调节风机转速，控制风机出力。进行燃烧调整及负荷调整，控制升降负荷的速度；应用反切技术，加装导流板，使喷射的二次风顺时针旋转的炉内火焰产生反向的制动作用；从而使炉膛出口的气流旋转强度减弱，减小了两侧的烟速差，减少了烟道中温度分布不均。

2）加强高炉、焦炉煤气的净化力度。对高炉煤气采用二次净化，以提高燃用煤气品质；减少燃烧生成的硫酸盐混入灰粉溶附于管壁表面，进而导致对管壁金属产生腐蚀。

3）采用低氧燃烧技术。适当减少过量空气系数（1.05 ~ 1.1）；通过采取合理的配风及强化炉内的湍流混合，对其受热面的合理布置，可以减少烟气涡流造成的管束间的热偏差，以避开高烟温区和高壁温区同时出现和对易腐蚀区加匀热衬板防护。同时，加强停炉期间受热面人工清灰；减少积灰，可整体提高换热效率。

4）针对省煤器的磨损及部分管束存在表面制造缺陷的问题，对省煤器易于磨损的迎风面管束、靠近炉膛的弯头部分、靠近后墙的管束实施了表面金属合金喷涂，改善了表面质量。同时，对易于磨损的弯头加装了防磨套，从而有效提高了省煤器的耐磨性能。采用低氧燃烧技术，也可减少烟气流量，从而降低烟气流速减少省煤器管的磨损。

5）通过大修把失效或接近失效的管子更换。在更换前对新管材进行检测、力学性能试验及金相分析，全面细致地检查管材外壁，应无划痕、裂纹及凹陷，保证管材质量。焊接中避免强行接口，采用专用工具卡好对接，点焊 3 点或 4 点，再去掉卡子进行焊接，以减少附加应力。

6）效果。目前锅炉大都是采用四角切圆燃烧方式，燃烧稳定。但存在因设计结构原因而产生的烟温、烟速偏差，省煤器、过热器爆管事故频繁，经过认真分析原因、科学技术改造及采取检修换管和加强运行监控，可使省煤器运行状况已得到较大改善。某省煤器改造测定数据对比见表 3-1。

表 3-1　某省煤器改造测定数据对比

| 测定时间 | 二级省煤器处左右侧烟温偏差/℃ | 二级省煤器处试验片减薄值/mm |
|---|---|---|
| 改造前 | 40～80 | 0.85 |
| 改造后 | 20～50 | 0.47 |

由表 3-1 可以看出，某省煤器的运行有了很大改善，尤其磨损及腐蚀有了较大减少。通过对导致省煤器管泄漏的各种因素的分析与对策的实施，杜绝了由于省煤器泄漏而导致的锅炉停炉现象，确保了锅炉安全运行，延长了设备使用期限，降低了检修费用；为节能降耗、稳产增效做出了贡献，保证了持续稳定的热动能源供应。

## 3.5　判定“四管”泄漏的方法

锅炉“四管”涵盖了锅炉的全部受热面，它们内部承受着工质的压力和一些化学成分的作用，外部承受着高温、侵蚀和磨损的环境作用，在水与火之间进行调和，是矛盾集中的所在，所以很容易发生失效和泄漏。据统计，我国大中型火力发电厂中，锅炉事故约占全厂总事故的 70% 左右，而“四管”泄漏在众多锅炉事故中出现最多，约占锅炉事故的 60%～70%。因此，对于锅炉“四管”发生泄漏以后的参数变化规律的掌握就显得尤为重要。

### 3.5.1　“四管”泄漏后的现象

锅炉运行中发生爆管泄漏事故以后可能出现以下现象：

1）爆管不严重时，可以听到汽水喷射声，严重时有显著的爆破声。

2）给水流量不正常的大于主汽流量，锅筒（汽包）水位下降。

3）主汽温度和压力、再热汽温度和压力下降（低温过热器泄漏，主汽温度上升；省煤器泄漏，汽温基本不变）。

4）负压燃烧的锅炉，燃烧室内负压变正压，严重时不严密处向外喷出烟气和蒸汽。

5）炉内火焰发暗，燃烧不稳定，甚至灭火。

6）排烟温度降低，烟的颜色变成灰白色或白色。

7）两侧汽温、烟温偏差增大，减温水量偏差增大。

8）引风机负荷增大、电流增高。

9）灰渣斗内有湿灰，炉体向外溢出灰气。

### 3.5.2 不同受热面爆漏后的参数变化比较

就泄漏量而言，同样大小的破口，省煤器、水冷壁大于过热器，过热器大于再热器；由于质量流速的不同，对本身破口的扩大、对相邻管道的冲刷作用，也是省煤器、水冷壁大于过热器，过热器大于再热器；对排烟温度的影响，同样是省煤器、水冷壁大于过热器，过热器大于再热器。下面，就各类受热面爆漏的异同点做对比分析。

#### 1. 省煤器和水冷壁爆管

（1）相同点

1）由于同样大小的破口，泄漏的介质质量流量大，使锅筒（汽包）水位下降的速度、给水流量与主汽流量的差值，爆破处的泄漏声，并从不严密处向外冒蒸汽和烟气量，负压的变化率及投自动的引风机电流增大幅度等均比其他受热面爆管时要大。

2）同理，对本身的泄漏点的扩大速度及对相邻管壁的冲刷作用都比其他受热面爆管要强。

3）由于同样大小的破口，不但泄漏的介质质量流量大。同时，由于省煤器和水冷壁管中的介质是水，泄漏后急剧汽化，吸收大量的汽化潜热。所以烟气温度的下降值和两侧烟温的偏差值远远大于其他受热面爆管时的情况。

（2）不同点

1）由于省煤器布置在尾部烟道，因而对主汽温，再热汽温的影响很小，而水冷壁爆管使炉膛出口烟温下降。所以对主汽温，再热汽温的影响很大。

2）省煤器爆管易在放灰管不严密处漏灰、漏水。

3）水冷壁爆管会使火焰发暗，燃烧不稳，易造成灭火。

4）省煤器爆管对烟气温度（有烟温测点）影响较大，尤其是对排烟温度的影响要比水冷壁爆管大得多。

5）对炉膛负压的影响，水冷壁爆管比省煤器爆管时影响要大，而对烟道负压的影响省煤器爆管比水冷壁爆管时要大。

#### 2. 壁式再热器，大屏、后屏过热器、屏式再热器爆管

（1）相同点

1）火焰发暗，着火不稳，易灭火。

2）对炉膛负压影响大。

（2）不同点

1）由于同样大小的破口，泄漏的介质质量流量不同，过热器爆管比再热器爆管流量大，因而破坏程度更大。

2）对锅筒（汽包）水位的影响不同，过热器爆管对锅筒（汽包）水位的影响大于再热器爆管时的影响。

3）对给水流量的影响不同，过热器爆管对给水流量的影响大于再热器爆管时的影响。

4）再热器爆管后，再热蒸汽压力下降，出口再热蒸汽流量下降。

5）壁式再热器爆管，其后烟气温度下降，从过热器一级、二级、三级减温器前的温度下降，再热器微量喷水减温器前温度下降（同侧），偏差增大。过热器一级减温器布置在大屏过热器入口联箱上，其温度主要取决于低温过热器，所以在分析爆管时对汽温有影响。

6）大屏过热器爆管，从过热器一级、二级、三级减温器前的温度下降，再热器微量喷水减温器前温度就下降（同侧），偏差增大。

7）后屏过热器爆管，从再热器微量喷水减温器前及过热器一级、三级减温器前的温度就开始下降（同侧），偏差增大。

8）屏式再热器爆管，对烟温、汽温的影响趋势与后屏过热器爆管一样，参数不同点仅为屏式再热器爆管，再热蒸汽压力下降，出口再热蒸汽流量下降。

**3. 高温再热器、高温过热器爆管的不同点**

1）由于同样大小的破口，泄漏的介质质量流量不同，过热器爆管比再热器爆管流量大，因而破坏程度更大。

2）对锅筒水位的影响不同，过热器爆管对锅筒水位的影响大于再热器爆管时的影响。

3）对给水流量的影响不同，过热器爆管对给水流量的影响大于再热器爆管时的影响。

4）再热器爆管后，再热蒸汽压力下降，出口再热蒸汽流量下降。

5）高温再热器爆管，其后烟气温度下降，过热器三级减温器前的温度下降（同侧），偏差增大。而高温过热器爆管其后的烟气温度下降，仅使其低于出口温度的下降。

**4. 低温过热器爆管**

与其他受热面爆管相比，低温过热器爆管比较特殊——主蒸汽温度升高，故易判断，不赘述。

**5. 顶棚过热器及各包墙管爆管**

这部分过热器由于面积大，爆漏后对各段烟气的影响同距离最近的各受热面，对主蒸汽温度的影响有两个方面：①类似于低温过热器；②类似于距离最近的各受热面。所以不太好判断，但由于这部分过热器的布置方向与烟气流动方向基本相同，基本不受飞灰撞击的作用，受飞灰切削的作用也远远小于其他受热面。它们的爆管主要取决于安装、焊接工艺，爆管的概率远小于其他受热面。

### 3.5.3 总述

1）“四管”爆破后，各段管壁温度和汽温的变化趋势相同。但由于正常运行时，管壁温度的变化幅度较大，在爆管不太严重的情况下不易判断，加上各段管壁温度测点只取某排某根。在爆管后各个管壁温差大，无法具体比较，故本书未做具体分析。而汽温则不同，它的准确性远远大于单根管壁温度。

2）在锅炉主汽水系统中，压力测点通常有二：锅筒压力、主蒸汽压力（高过出口），爆管后要维持汽机负荷不变，则主蒸汽压力不变；若通过锅筒压力、主蒸汽压力之差即可判断出爆管，那爆管就已经很严重了，早就可以用本书介绍的方法判断出来了，故本书亦未做具体分析。

3）爆管后，同侧（沿烟气流动方向）汽温、烟温同时下降，但幅度不同。离破口越近，下降幅度越大。

4）爆管后的判断方法，以就地听为主。根据运行经验，“四管”爆破后首先应听到刺气声。本书以提高运行监管人员的分析、解决问题的能力为主，故着重介绍各参数的变化。对于借助于其他检测手段来判断爆管泄漏本书并未涉及，并将在以后详细论述，尤其是借助于声学检测方法更是具有其独到之处。

综上所述，电站锅炉发生“四管”泄漏的原因虽很多，而防治“四管”泄漏的前提是准确地判断出具体的泄漏部位，以便进一步分析原因及采取有效的措施处理。目前，技术人员主要通过分析仪表数据和进行详细的巡回检查，根据以下特征判断锅炉系统是否发生“四管”泄漏。

1）汽轮机组补水率大幅增加，给水泵转速增大，给水流量大于蒸汽流量，炉膛负压显著降低。将吸风机调整为自动运行时，静叶开度自动增大，引风机电流、电除尘电流和电压不正常，现场检查时可以听见尖锐刺耳的异常声音；炉管泄漏检测装置报警，炉烟或汽、水等从泄漏点附近的检查孔处冒出。

2）锅炉“四管”泄漏时，在锅炉燃量和送风量不变时，主蒸汽压力会缓慢下降，机组负荷降低，使锅炉烟气含氧量产生较大变化。此外，烟气和蒸汽会产生偏流，炉膛出口的烟气流量增加、烟温升高，使锅炉壁温超温及减温水流量增加，其中一侧减温水调节阀门开度远大于另一侧开度。

3）锅炉炉膛出口烟温左右两侧偏差产生显著变化，其中泄漏侧的烟温下降，而另一侧则显示正常。锅炉烟道内泄漏点两侧烟压偏差增大，靠近泄漏点的负压测点显示负压值瞬间下降或变为正压，但波动范围很小。有关调查数据表明，当炉膛负压超 100Pa 时，已造成了严重的锅炉泄漏。

4）水冷壁泄漏可能造成火焰信号检测器闪烁、排烟温度上升，炉膛压力升高，锅筒水位先下降后恢复，严重时锅筒压力下降，过热汽压力基本不变。炉膛燃烧受扰动明显，炉膛负压正负波动；与此同时，炉膛两侧过热器、再热器汽温及排烟温度、烟道烟温显著升高。省煤器泄漏时，其进出口热风温度及排烟温度降低，两侧烟温出现明显偏差。过热器泄漏时，炉膛负压和水位先升高后降低，过热器管壁温度升高，主蒸汽压力明显降低。再热器泄漏时，则主蒸汽压力和水位保持不变，再热器汽压下降，而两侧排烟温度偏差增加。

# 第 4 章

# 锅炉声发射与传播特性

## 4.1 锅炉炉管泄漏声音特性分析

### 4.1.1 泄漏发声模型

炉管泄漏时管内气、水喷入流速较低的烟气，高速喷流与周围相对静止的烟气介质急剧混合，从而使得喷流边界层中形成强烈的湍流脉动。气体中动量的变化要由作用力来平衡，在无固体边界的气流中，该作用力的变化是由压力变化产生的。流动区域内压力起伏引起密度起伏，并传播到流动区域之外的介质，这就是喷流混合噪声的来源。而在超声速喷流中则会出现激波，由于激波是从喷流边界折射回来时形成的，而边界层是不稳定的，所以激波也是不稳定的。而且激波与湍流相互作用，从而产生喷流激波噪声。

图 4-1、图 4-2 示出喷流噪声源及噪声谱。对于亚临界工作状态，喷流噪声仅包括混合噪声，喷流噪声谱形状实质上反映了构成湍流混合过程的旋涡的变化，即旋涡尺寸沿射流方向逐渐增大，旋涡强度由于速度降低而逐渐减小。对于超界喷流，激波噪声将作为喷流噪声第二种声源而被叠加到宽带噪声谱。

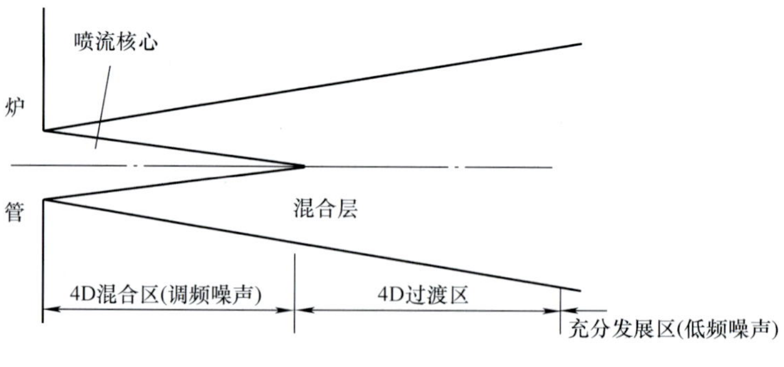


图 4-1 喷流噪声源

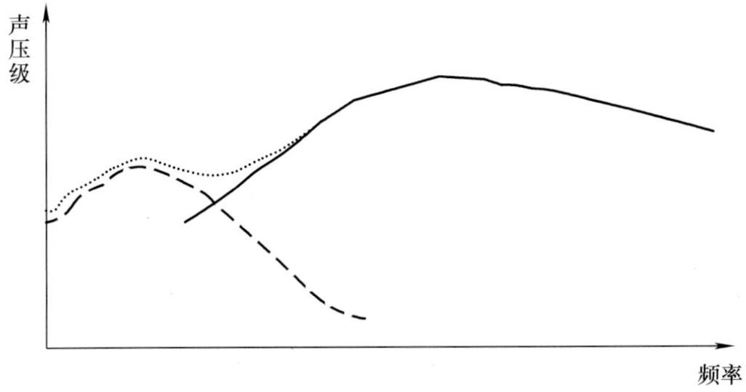


图 4-2　噪声谱

锅炉承压管破裂时，裂口有各种不同的形状。为了既可以简化分析，又能反映声学特性，我们假设承压管泄漏孔是直径为 $D$ 的圆形孔。锅炉承压部件泄漏实质上是紊流自由喷流现象，如图 4-3 所示。

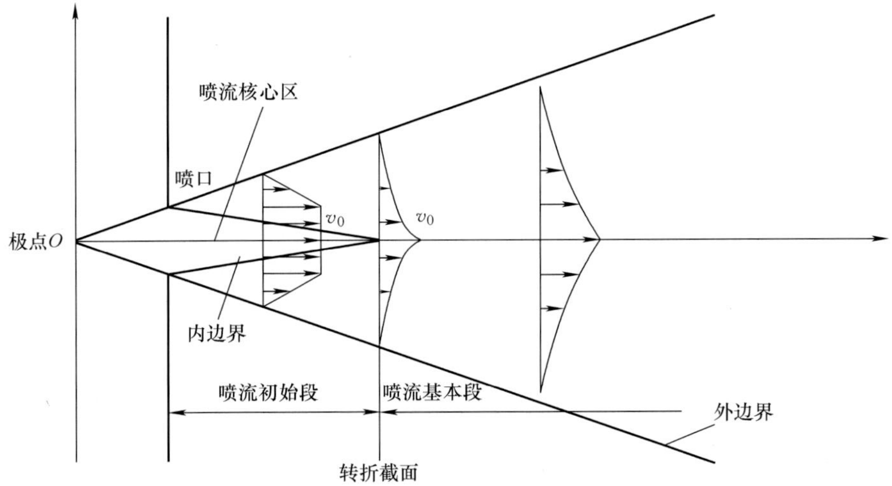


图 4-3　锅炉承压部件泄漏声源

气流由孔隙流出后，不再受固体边界的限制，在某一空间内扩张流动。假设孔隙直径为 $D$，初速度为 $v_0$，其方向为 $x$ 轴方向，并假定出口截面上速度分布是均匀一致的，都等于 $v_0$，$Re$ 数超过了临界值，故为紊流流动。在喷流进入空间后，由于炉膛内烟气、水蒸气微团的不规则运动，特别是气体微团的横向脉动速度所造成的与周围介质间进行的质量与动量交换，引起或带动周围介质流动；使喷流的质量增加、喷流直径增大，并且喷流本身的速度逐渐减小，最后喷流能量全部消耗在这一空间介质中。

1）转折截面。喷流离开喷口时，其速度是均匀一致的，沿 $x$ 方向流动一段距离后，喷流吸引了大量的周围气体，喷流主体速度逐渐降低。当只有喷流中心流速等于初始速度 $w_0$ 的截面时，称为转折截面。

2）喷流初始段和基本段。在喷口截面至转折截面之前的区段，称为喷流的初始段；转折截面后区段为喷流基本段。在喷口附近声压较低，而在距 3 倍、4 倍喷口直径的距离内迅速增大到极大值，随后又慢慢降低。噪声的产生与气流轴向速度变化有一定的关系。噪声中，高频率噪声的能量主要是在喷口附近；距离喷口越远，噪声频率越低。低频率噪声主要是在喷流的下游产生。

### 4.1.2 泄漏蒸汽流速计算

管内高温高压水汽泄漏时流速较高，且流经管壁的时间极短，因此可以近似看作工质与管壁之间不发生热量交换。这种情况下，将泄漏过程视为一个理想化的稳定、绝热过程，且流动位能不变，介质对外做功为零。

稳定流动能量方程式为

$$q = (h_2 - h_1) + \frac{1}{2}(u_2^2 - u_1{}^1) + g(z_1 - z_2) + W_t \tag{4-1}$$

式中：$q$ 为与外界的热量交换量；$h_1$ 为介质在喷管进口截面的焓；$h_2$ 为介质在喷管出口截面的焓；$u_1$ 为介质在喷管进口截面的流速；$u_2$ 为介质在喷管出口截面的流速；$z_1$ 为喷管进口高度；$z_2$ 为喷管出口高度；$W_t$ 为介质对外做功量。

由于可将泄漏过程简化为一个稳定、绝热流动过程，且流体在管内流速相对于泄漏速度很小（$u_1 = 0$），于是可得喷流速度计算式：

$$u_2 = \sqrt{2(h_1 - h_2)} \tag{4-2}$$

另外补充一点，泄漏速度只能达到当地声速。因为如果膨胀继续，流速将增加至超声速，届时气流截面逐渐扩展但是在渐缩喷管中气流自由发展，故膨胀不会继续。

### 4.1.3 泄漏噪声声压级、频率计算

莱特希尔（Lighthill）分析了喷射紊流的发声问题，得出喷流噪声强度与气流速度和喷流口径之间的关系，即“八次方定律”。声功率是指单位时间内声源向外辐射的总的声能量，单位为瓦特，用 $W$ 表示。

泄漏噪声总声功率的估算式为

$$W = k\frac{\rho^2 u^8 D^2}{\rho_0 {c_0}^5} \tag{4-3}$$

式中：$W$ 为泄漏噪声总声功率（W）；$\rho_0$ 为环境密度（$kg/m^3$）；$c_0$ 为当地声速

(m/s)；$\rho$ 为喷流流体密度（$kg/m^3$）；$u$ 为泄漏喷流流速（m/s）；$D$ 为喷口直径（m）；$k$ 为比例系数，取 $3\times10^{-5}\sim1.8\times10^{-4}$之间。

由八次方定律可知，当式中其他参数不变时，泄漏噪声总声功率随着喷流气体的流速增加而增大。喷流流体密度不同会导致不同的泄漏噪声总声功率；喷口的直径 $D$ 越大，泄漏噪声总声功率 $W$ 也会越高。

以分贝为单位时噪声的总声功率级按式（4-4）计算：

$$L_w = 10\lg\frac{W}{W_0} \tag{4-4}$$

式中：$L_w$ 为漏噪声总声功率级（dB）；$W$ 为泄漏噪声总声功率（W）；$W_0$ 为基准声功率（W），$W_0=10^{-12}$W。

由经验公式可求出喷流噪声声功率级的近似值：

$$L_w = -45 + 10\lg S + 80\lg u \tag{4-5}$$

式中：$S$ 为喷口的面积（$m^2$）；$u$ 为喷流流体速度（m/s）。

声音通过空气振动传播产生的压强成为声压，声音越强，声压越大，单位为 Pa。声压级是声音强弱的度量，以符号 $SPL$ 表示，单位为 dB，以声压有效值取对数计算，计算式为

$$SPL = 20\lg\frac{p_e}{2\times10^{-5}} \tag{4-6}$$

喷流噪声具有微弱峰值，可用航空声学中的公式计算：

$$f = Sr\frac{u}{d} \tag{4-7}$$

式中：$f$ 为频率峰值（Hz）；$u$ 为喷流流体流速（m/s）；$d$ 为泄漏孔直径（m）；$Sr$ 为斯特劳哈尔数，可取 0.04～0.12。

### 4.1.4　泄漏喷流实例

锅炉“四管”中的水冷壁和省煤器是重要的汽水换热系统，管内的流动介质是汽水混合物。当发生泄漏时其喷流过程存在相变，物理过程十分复杂，故只能用实际测量的方法对其喷流声学特性进行研究。锅炉的过热器和再热器都是对水蒸气进行加热的系统，现对其喷流噪声特征分析如下。

1）过热器和再热器泄漏时的蒸汽温度为出口蒸汽额定温度。

2）过热器和再热器泄漏时的喷流速度在不同的额定压力下不同，计算得过热器蒸汽泄漏喷流速度在 580～630m/s 之间，再热器泄漏喷流速度在 645m/s 左右。

3）假定泄漏孔径直径为 1mm，泄漏点与声音传感器相距 10m，可由公式求出泄漏声音的声功率级和声压级：过热器泄漏喷流噪声的声功率级在 122dB 左

右，声压级在91dB附近波动。再热器泄漏喷流噪声的声功率级为124dB，其声压级为93.6dB。泄漏噪声的声功率级和声压级会随着泄漏口孔径的增大而增大。

4）过热器和再热器外部烟气温度分别在1000℃和800℃左右，而换热器管内的蒸汽温度在500℃左右，远低于周围烟气温度。喷流时存在热量交换，因此，过热器和再热器发生水汽喷流时是非等温喷流。

5）同样设定喷流口孔径为1mm，斯特劳哈尔数 *Sr* 取0.04，计算出泄漏声音的峰值频率如下：

当出口蒸汽压力在25.3～2.5MPa，温度在400～540℃之间变化时，过热器喷流噪声峰值频率在31～34.4kHz之间变化，再热器喷流噪声峰值频率在31.6kHz附近波动。所以，当泄漏孔径为1mm时，再热器与过热器喷流噪声峰值频率约为30～35kHz，随着喷流继续发展，孔径继续增大，其峰值频率将向低频方向移动。

在现场监测过程中，锅炉泄漏噪声声学特性必定与计算值有一定出入，所以带通滤波器的通带频率、阻带频率，以及频谱图上的报警阈值等重要参数的设定，都应该结合现场的实际情况进行及时的调整，确保检漏系统的精确、稳定工作。

## 4.2 炉内背景噪声特性分析

除了了解噪声产生机理外，我们还要掌握电站锅炉安全生产过程中的各种炉膛背景噪声，主要包括燃烧噪声、燃烧器的喷流噪声、吹灰器噪声及其他机械噪声。其主要特征是信号能量大部分分布在低频范围内。根据分析可知，燃烧噪声的频率主要分布在200～500Hz。燃烧器的喷流噪声的频率范围在100Hz以下；冲刷省煤器的风吹声噪声的频率大约在31～69Hz范围内；吹灰器噪声的频率分布在850～3000Hz的范围内。综上所述可以得出，电站锅炉正常生产的背景噪声主要集中在3000Hz以下的低频范围内。

基于声学法检测原理的锅炉炉管泄漏检测系统原理为：当存在炉管泄漏时，由于泄漏刚发生时泄漏点较小，因此泄漏信号表现为较高的频率；随着锅炉运行时间的推移，泄漏点的不断扩大，泄漏信号的频率也会随之减小。在此过程中，声波传感器所采集到的噪声信号是炉膛背景噪声和泄漏噪声的叠加信号。如何从炉膛背景噪声中提取出泄漏声信号是泄漏定位技术的关键。因此，为了能够有效地提取泄漏噪声信号，必须首先了解背景噪声的声学特性。下面我们对提到的几种主要背景噪声进行详细分析。

### 4.2.1 炉内燃烧噪声

燃料的燃烧都是通过燃烧器与空气混合来实现的。在燃烧过程中，由于高温、高压、湍流等原因产生强烈的噪声，即为燃烧噪声。本书所研究的炉内燃烧原料主要是煤粉，燃烧噪声主要指煤粉在燃烧过程中产生的噪声。一般认为它主要是由湍流混合等造成的复杂的流体干扰所引起的，其声学特性主要靠实际测量分析得出。而在炉膛内，由于热荷的不断变化，造成湍流流动的复杂性，对锅炉燃烧噪声的理论预测更为困难。

通过对电站实际背景噪声的分析可知，由于煤粉与空气融合度的不同，导致燃烧噪声具有较宽频带的特征。其频谱主要集中在低频范围内，且主要在压力和温度梯度较高的燃烧区域产生。当煤粉与空气混合充分时，其噪声频率能够达到800Hz左右；而在其他情况下，噪声频谱主要分布在200~500Hz。

### 4.2.2 吹灰器噪声

锅炉中由于所用燃料煤粉普遍含硫量较高，再加上燃烧环境的多变性，以及受热面结构等的影响，致使粉尘颗粒积聚烧结形成焦砟、积灰。从而使锅炉内部炉管受热面受到污染，严重影响着锅炉的安全生产。因此，电站锅炉在运行过程中，一般都使用吹灰设备对炉管受热面进行除灰。本书中主要采用的是声波吹灰器，对其分析如下。

声波吹灰器的原理是将一定压力的气源（压缩空气或蒸汽）输入吹灰器特制的气室内，使气源在特定的几何空腔内产生振荡，激发空腔内气体的强烈振荡而发出高强度的声波。其除灰机理是利用高强度的声波（即机械波）产生的声场能量，并将其送入运行中的锅炉炉体内各种可能积灰结渣的空间区域。通过声能量的作用，使这些区域中的空气与粉尘颗粒产生振荡，破坏和阻止粉尘粒子在热交换表面或粒子之间的结合；进而使之始终处于悬浮流化状态，以便烟气或重力将其带走。

声波对焦砟积灰发生作用后，因声波能量产生的振动移位大、速度快，致使粉尘不能积聚，阻止了焦砟的生长。同时由于高声强声波的疲劳效应，对已经结成的大块焦砟也能使其断裂，使焦砟粒子之间的结合力变弱、间隙增大、生长速度变慢、砟块体积减小，易于自行脱落。

目前，国内各厂家生产的声波吹灰器，其声波频率主要分布在850~3000Hz，声强范围大于135dB。

### 4.2.3 燃烧器喷流噪声

燃烧器是电站锅炉燃烧系统的主要设备，由它组织燃料的着火和燃烧，并保证锅炉安全经济地运行。锅炉中，携带煤粉的一次风和二次风通过燃烧器以喷流形式送入炉膛，产生喷流噪声。燃烧器按其出口气流的特征分为直流燃烧器和旋流燃烧器，由于它们在气流结构和空气动力特性方面的不同，声学特性也有所不同。本书仅以直流燃烧器为例分析燃烧器的喷流噪声特性。在电站锅炉的燃烧系统中，煤粉和和燃烧所需的空气由不同的喷口以直流喷流形式喷进炉膛。由于组织燃烧的需要，喷口分为一次风口、二次风口和三次风口，而且具有不同的出口速度。直流煤粉燃烧器一次、二次风速的值见表4-1。三次风为磨煤乏气，通常速度为50～60m/s。

表4-1 直流煤粉燃烧器一次、二次风速 （单位：m/s）

| 煤种 | 无烟煤 | 贫煤 | 烟煤 | |
|---|---|---|---|---|
| 煤粉固态排渣锅炉 | 一次风速 | 20～25 | 20～25 | 25～35 |
| | 二次风速 | 40～55 | 45～55 | 40～55 |
| 煤粉液态排渣锅炉 | 一次风速 | 25～30 | 25～30 | 30 |
| | 二次风速 | 40～70 | 40～70 | 50～70 |

直流燃烧器喷出的一次风或二次风的喷流温度远低于炉内烟气温度，炉内中火焰中心温度可达1400～1600℃。而经过制粉系统（磨煤机）后的一次、二次、三次风温只有几十度到几百度，如中速磨直吹式的一次风为70～90℃、二次风为290～350℃；中储式热风送粉的一次风为200～230℃、二次风为350℃左右；三次风为磨煤乏气，温度较低，一般为100℃，风速在50～60m/s之间。

例如：某容量为100t/h，采用烟煤作为燃料的固态排渣煤粉炉，那么此锅炉燃烧器的喷流按式（4-8）进行频谱特性估算为

$$f = Sr\frac{v}{D} \tag{4-8}$$

式中：$Sr$为斯特劳哈尔数，无因次量；其值可由具体的试验确定；航空声学中一般可取0.2左右。

选取斯特劳哈尔数为0.2，一次风速的平均值$v$为30m/s，风出口的平均特征尺寸$D$为250mm，炉膛的温度约为1500℃，一次风温取80℃。则计算可得一次风的峰值频率大约为80Hz，三次风的峰值频率大约为61Hz。

由此可知，燃烧器的喷流噪声为低频噪声，峰值频率一般在100Hz以下。

## 4.3 炉内声传播特性分析

### 4.3.1 声音在炉内的衰减

炉壁边界或炉内换热器排管的表面会对声音有反射、散射作用，将改变声音传播路径。并且燃煤锅炉壁面通常都有一定的结焦和积灰情况，也会吸收声波，使声波产生衰减。

姜根山的研究指出，当声波频率比较高（声音的简约频率大于90Hz）时，

炉内烟气及炉壁边界对声波的散射与吸收衰减比较大，直达声远大于炉壁边界的反射声，可以按照自由声场来近似处理。这表示当水冷壁上某点发生泄漏时，其侧面和对面的边界将不对声音产生较大影响。但是，当声波的频率比较低时（尤其是波长与锅炉尺度相近的声频率），炉内烟气对声波的散射与吸收衰减比较小，炉壁边界对声音的散射、反射、吸收衰减作用将不可忽略。根据 ANSYA 的模拟，当声音频率在 400Hz 以下，存在很多特殊频率产生驻波，导致在声场边界某一点或区域激发特别强的声场；当声音频率比较高时，炉壁反射引起的声场不均匀现象就很少。

声源直达声与反射形成的混响声共同组成了炉内声场，按照直达声与混响声的强度，可把声场分为三个区域：1—近场区；2—自由声场区；3—混响区。

将炉膛内部空间视为三维封闭声场，其中任意一点的声压级 $L_p$ 可按式（4-9）计算：

$$L_p = L_w + \lg\left(\frac{Q}{4\pi r^2} + \frac{4}{R}\right) \tag{4-9}$$

式中：$L_w$ 为泄漏源向炉膛辐射的声功率级；$r$ 为某点到声源的距离；$Q$ 为声源指向性因数（频率越低指向性越弱，无指向性时为 1）；$R$ 表示空间声吸收性质的常数。

该表达式反映了炉膛内声场的分布规律，即距离声源越远的点，其声压级越小；声音的指向性越强（即高频声音），其声压级越大。空间对声音的吸收大，则声音传播衰减大，导致空间内声压级变小。

### 4.3.2　声音在炉内的混响

（1）炉膛混响时间计算　由于炉内的空间是封闭的，泄漏声信号在传播过程中会在炉壁面、管道面等发生反射，故传声器接收到的泄漏声信号是混响信号。声波衰减程度通常用混响时间 $T_{60}$ 来描述，即平均声能密度降为 $10^{-6}$，也就是声压级衰减 60dB 所需的时间。

1900 年，美国哈佛大学 W. C. Sabine 在正式发表的题为《混响》的论文中提出混响的概念，并给出相应的混响时间计算公式。这标志着建筑声学的开端；之后，Eyring 和 Norris 又对该公式做了重要的改进。

考虑到锅炉烟气中存在一定浓度的飞灰粒子，这些粒子对媒质做相对运动引起的摩擦损耗及粒子对声波的散射引起的附加能量耗散也是锅炉中声衰减的主要因素。泄漏发生 $t$（单位 s）后总的能量密度与有效声压之间的关系为

$$p_e^{\ 2} = p_{e0}^{\ 2}\ (1-\overline{\alpha})^{\frac{c_0 S}{4V}t} \mathrm{e}^{-2\alpha c_0 t} \tag{4-10}$$

式中：$p_{e0}$ 为初始时刻的声压；$\overline{\alpha}$ 为炉膛平均壁面吸声系数；$V/S$ 分别为炉膛传

播空间的体积与表面积；$\alpha$ 为媒介的声压吸收系数，是频率与煤粉浓度的函数。

按照混响时间的定义，可以解得

$$T_{60}=\frac{55.2V}{-Sc_0\ln(1-\bar{\alpha})+8\alpha Vc_0} \tag{4-11}$$

（2）系统冲击响应反向积分法　假设泄漏声源信号 $s(n)$ 的自协方差函数只与到达时差（time different of arrival，TDOA）有关，

$$E\{s(n)\cdot s(n-\tau)\}=N\cdot\delta(\tau) \tag{4-12}$$

式中：$N$ 为泄漏能量的平均单位能量密度；$\delta(\tau)$ 为 $\Delta$ 函数。泄漏噪声辐射到炉膛与管壁被阵列传声器接收：

$$x(n)=\int_{-\infty}^{0}s(\tau)\cdot h_i(n-\tau)\mathrm{d}\tau \tag{4-13}$$

式中，$h_i(n)$ 为包括滤波器、放大器、声场、泄漏与声传感器 $i$ 接收相关的传输函数冲击响应。到达信号的平方可以写成一个双积分的形式：

$$x^2(n)=\int_{-\infty}^{0}\mathrm{d}r\int_{-\infty}^{0}\mathrm{d}\theta s(\tau)\cdot s(\theta)\cdot h_i(n-\tau)\cdot h_i(n-\theta) \tag{4-14}$$

取传声器接收的泄漏信号的统计平均值并代入式（4-12）可得

$$E\{x^2(n)\}=\int_{-\infty}^{0}\mathrm{d}r\int_{-\infty}^{0}\mathrm{d}\theta N\cdot\delta(\theta-\tau)\cdot h_i(n-\theta) \tag{4-15}$$

因为只有当 $\theta=\tau$ 时，$\delta(\theta-\tau)$ 不为0，所以，

$$E\{x^2(n)\}=N\cdot\int_{-\infty}^{0}h_i^{\,2}(n-\tau)\mathrm{d}\tau \tag{4-16}$$

令 $x=n-\tau$，

$$E\{s^2(n)\}=N\cdot\int_{n}^{\infty}h_i^{\,2}(x)\mathrm{d}x \tag{4-17}$$

下限表示炉内声场在开始衰减前要达到充分稳定的时间。式中 $n$ 为衰减开始的时刻，从式中可以看出，泄漏信号声压级衰减曲线的总体平均值等于炉内传声器接收信号系统冲击响应平方的反向积分。由于系统冲击函数平方为正，所以其反向积分为单调递减函数。由于信号随机起伏较大，若使用脉冲响应声能衰变率求混响时间的方法，即测量得到脉冲响应后，直接对其平方的常用对数进行线性回归；需要重复多次，且精度不高。

利用系统冲击响应平方的反向积分可以得到一条单调递减的，相当于多条衰减曲线平均的声压级衰减曲线。取常用对数（相对声能）进行线性回归，从而精确地得到四元阵列传声器 $M_1$、$M_2$、$M_3$、$M_4$ 接收到的泄漏信号声能衰变率，再求出混响时间（reverberation time，RT）依次为 0.83s、0.75s、0.65s、0.66s，如图4-4（斜线）所示。系统冲击响应平方反向积分法与 Sabine 方法计算的混响时间相比，在泄漏声特征频率 3000Hz 的计算差异为 0.16s，如图 4-5 所示。

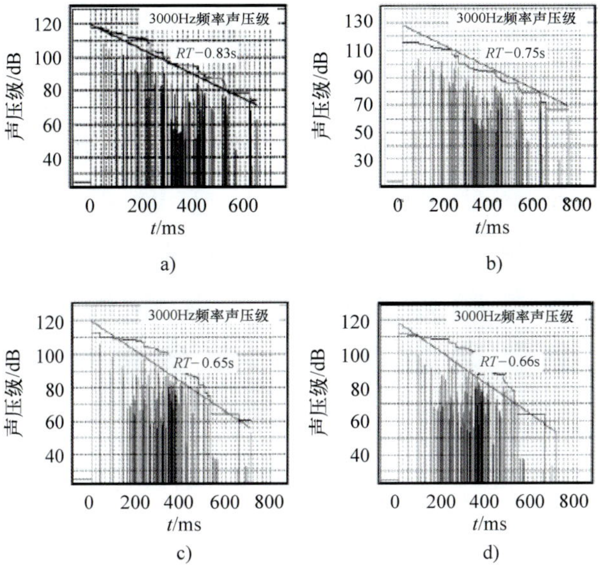


**图 4-4　四元平面阵列接收的泄漏声衰减曲线**

a）$M_1$ 衰减曲线　b）$M_2$ 衰减曲线　c）$M_3$ 衰减曲线　d）$M_4$ 衰减曲线

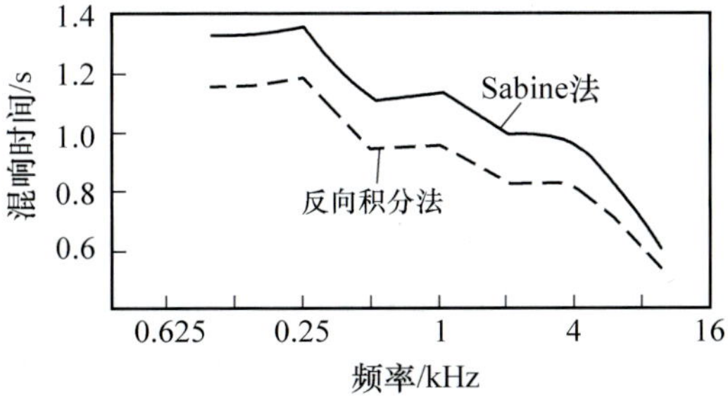


**图 4-5　炉内系统冲击响应平方反向积分与 Sabine 混响时间计算对比**

系统冲击响应平方反向积分法除了与炉膛容积、表面积、内壁的平均吸声系数、媒质吸声系数、声速有关外，还与声源的位置、指向、各个界面的空间位置、测试点的空间位置等相关，其考虑更为精确。

### 4.3.3　管阵列对声线的影响

炉内换热器管道通常都不是孤立管，其周围结构环境及边界条件与其在锅炉中所处的位置有密切关系，且声场分布通常要受到环境结构的一定影响。

**1. 炉内换热器管排结构特点**

处于炉内的不同位置的过热器、再热器和省煤器段的换热器管排阵列，具有不同的几何结构特征和物理环境特点（图4-6）。

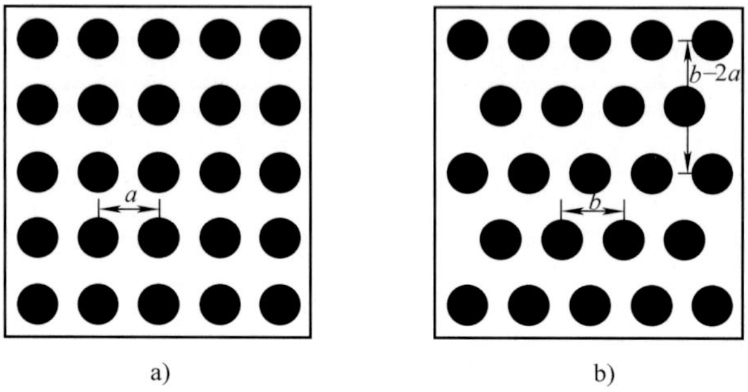


**图4-6　炉内换热器管排阵列结构示意图**

a）顺排　b）错排

蒸汽过热器管道是锅炉的重要组成部分，主要作用是利用烟气的热量将饱和蒸汽加热成为具有一定温度（如540～555℃）的过热蒸汽。过热器一般采用“辐射－对流”多级布置系统。根据不同的传热方式，一般分为对流式、辐射式和半辐射式三种形式。

安装在对流烟道内主要吸收烟气对流放热的过热器，称为对流式过热器。通常由进、出口联箱及许多并列的蛇形管所组成。蛇形管束一般由外径 $\phi38$～$\phi57$mm 的无缝钢管弯制而成，有时也采用 $\phi60$mm 或 $\phi63$mm 的管子。根据强度需要，对流换热器管子的壁厚多为5～7mm。

按照管子的排列方式，对流过热器可分为顺排和错排方式（图4-6）。目前，在国内大多数锅炉上，高温水平烟道的过热器和再热器一般采用顺列布置；只有在下降竖井的受热面有时，采用错列布置。而在国外，过热器和再热器几乎全部采用顺列布置。通常，对流过热器段的管阵列结构的节距布置为横向节距为2～3mm，纵向节距为4～5mm。比值取决于烟气的流速，流速越高，比值的设计值越大。节距取决于管子的弯曲半径 $R$，为避免弯管时外侧管壁过度变薄，通常 $R \geqslant 1.5d$，$d$ 为节距。布置在炉内壁面，直接吸收炉膛辐射热的过热器，称为辐射式过热器。这种过热器的管束阵列与水冷壁管道类似；布置在炉膛出口烟窗处，既吸收炉内的直接辐射热，也吸收烟气的对流热的受热面，通常也称为屏式过热器。它是由许多纵向紧密排列的管子组成。烟气在屏与屏之间的空气流过，屏与屏之间的距离较大，横向节距较大，即600～1200mm，纵向节距较小，$S/d = 1.1$～$1.2$。过热器区域的烟温约为600～1250℃，烟气流速约为5～6m/s。

蒸汽再热器管道安装在锅炉的过热器后，主要作用是将在汽轮机中做过部分功的蒸汽引回锅炉再次进行加热；提高温度后，又送往汽轮机中继续做功。再热器的结构与对流过热器相似，也是由蛇形管组组成，管子外径一般为 $\phi38$ ~ $\phi57$mm。如 400t 时锅炉常用中 $\phi42$mm × 3.5mm 的管子；1000t 时锅炉常用 $\phi51$mm × 3.5mm 的管子。

省煤器管道安装在锅炉尾部的垂直烟道中，主要作用是利用烟气的热量来加热给水，以提高给水温度，降低排烟温度及节省燃煤。目前，较大容量和高参数锅炉，均采用钢管式省煤器，通常由进、出口联箱及许多并列的蛇形无缝钢管组成。蛇形管束一般由外径 28 ~ 51mm 的无缝钢管弯制而成，壁厚 3 ~ 5mm。省煤器处于锅炉的尾部烟道中，锅炉在这一部位的进口烟温约为 450℃左右，烟气流速约为 6 ~ 9m/s。

**2. 锅炉管排对声线的影响**

锅炉的管排对声音的影响类似于光栅对光线的反射、透射和衍射作用。多根炉管将构成阵列，对某些声音有导通作用，对某些声音又有截止作用。以过热器为例，声波频率在 3.35 ~ 3.95kHz 及 14.07 ~ 14.39kHz 时，管阵列对声波的透射系数为 0，出现禁带，即声波被全部反射。

频率低于 2000Hz 的泄漏声波经过锅炉管排后频谱特征变化不明显，所以可认为炉内管排对泄漏声的影响可忽略。除此之外，泄漏喷流声波遭遇管阵列时产生的二级声辐射位于高频段，则在低频段对泄漏声波影响较小。

当声波频率高于 2000Hz 时，管阵列的作用类似于光栅，对声波有导通或截止的作用，即位于某些频带的泄漏声音可能无法穿过排管透射出来。泄漏喷流声波遭遇管阵列时产生的二级声辐射在此时，会有明显的加强声压的作用。

# 第 5 章

# 声信号的数字化处理与分析

## 5.1 声信号数字处理基础

随着计算机技术的发展，特别是 FFT 算法问世以来，数字信号处理得到越来越广泛的应用。现在除了在通用计算机上发展各种数字信号处理软件以外，还发展了有专用硬件的数字信号处理芯片，其处理速度已近乎“实时”。且数字信号处理技术已形成了一门新的学科。

数字处理的特点是处理离散数据，因此首先要把连续信号采样成离散的时间序列。尽管现在已发展了不少数字式传感器，但传感器所测试的大多数物理过程本质上仍是连续的，所以总是有一个采样过程。这一过程把连续信号改变成等间隔的离散时间序列，其幅值也经过量化。此外，数字计算机不管怎样快速，其容量和计算速度毕竟有限，因而处理的数据长度是有限的，信号必须要经过截断。这样，数字信号处理就必然引入一些误差。也很自然会提出这样的问题：如何恰当地运用这一技术，使之能够比较准确地提取原信号中的有用信息？本章将对用数字方法处理测试信号时的一些基本方法和概念做些介绍。

### 5.1.1 信号的数字化

大部分传感器的输出信号都是随时间连续变化的模拟电量，若要采用数字式处理，则需要将连续模拟量转换成离散数字量，这可利用模/数转换装置（A/D转换器）来实现。如图 5-1 所示为数字信号处理系统。

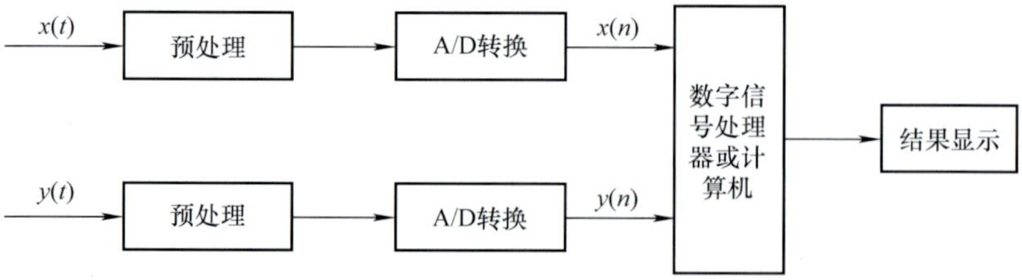


图 5-1　数字信号处理系统

A/D 转换器的输入量为模拟信号 A 和模拟参考信号 R，而输出量是数字编码信号 D（一般是按二进制编码）。A、R 和 D 之间的关系可表示为

$$D \equiv \left[ \frac{A}{R} \right] \tag{5-1}$$

式中：恒等号和中括号的含义是在数字能够表示的最精确的范围内；D 为最接近 A/R 的值。

这一转换的实现，要经过下述三个过程。

**1. 采样**

采样就是将连续变化的模拟信号离散化的过程。若将一个模拟信号 $x(t)$ 和一个等间隔的脉冲序列 $\delta_n(t) = \sum_{n=-\infty}^{\infty} \delta(t - nT_s)$（$T_s$ 是采样间隔）相乘，由于 $\delta$ 函数的采样性质，相乘以后只有在 $t = nT_s$ 处有值。因此，采样后得到如图 5-2c 所示的一系列在时间上离散的信号序列 $x(nT_s), n = 0, 1, 2, \cdots$。

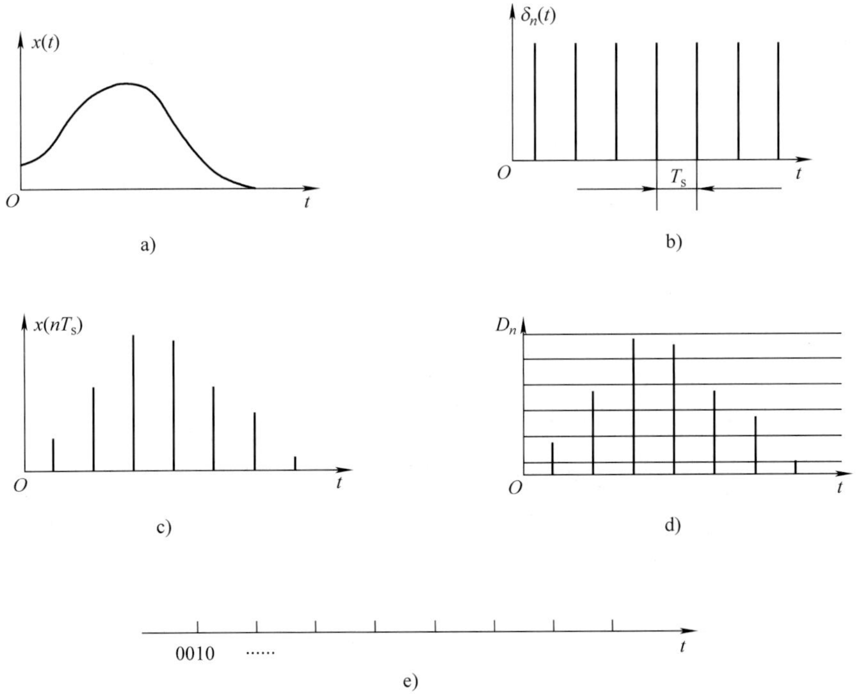


**图 5-2　模拟 1 数字转换过程**

a) 模拟信号　b) 采样脉冲　c) 离散信号　d) 信号的量化　e) 信号的编码

由图 5-2 还可以看出，采样间隔 $T_s$ 越小，$x(nT_s)$ 越能如实反映原模拟信号 $x(t)$。而正确的采样必须保证采样得到的离散序列 $x(nT_s)$ 包含原信号 $x(t)$ 所

隐含的主要信息。假如$T_s$过大，$x(nT_s)$相对于$x(t)$会失真，也就是经过采样之后的信号$x(nT_s)$不能完全恢复原信号$x(t)$所隐含的主要信息，因而影响数据分析的精度。$T_s$过小，则数据的数量会过多，使计算工作量急剧增加。因此，必须有一个选择采样间隔$T_s$的准则，以确定$x(nT_s)$不失真的最大允许间隔$T_s$，这个准则称为采样定理。

采样定理指出：一个连续的模拟波形，若它的最高频率分量为$f_m$，则当采样频率$f_s \geqslant 2f_m$时，采样后的信号可以无失真地恢复成原来的连续信号。

**2. 量化**

数字信号只能以有限的字长表示其幅值，对于小于末位数字所代表的幅值部分只能采取“舍”或“入”的方法。

量化过程就是把采样取得的各点上的幅值与一组离散电平值相比较，以最接近于采样幅值的电平值代替该幅值，并使每一个离散电平值对应一个数字量（图5-2d）。若两相邻量化电平之间的增量为$\Delta_x$，则量化误差最大为$\Delta_x/2$。由此可见，在量化过程中相邻量化电平之间的增量越小（供比较的离散电平值的数量越多)，误差越小。

**3. 编码**

编码过程是把已量化的数字量用一定的代码表示并输出，通常采用二进制代码。经过编码之后，信号的每个采样值对应一组代码（图5-2e）。

### 5.1.2 DFT（离散傅里叶变换）

随着数字计算机的普及和应用，人们越来越多地利用数字计算机来进行傅里叶变换，以提高处理速度和处理精度。数字计算机不能对一个连续的模拟信号进行处理，其原因是：第一，数字计算机仅能处理离散数据；第二，计算机的内存容量总是有限的，它不能存放无限多的采样数据。因此，“数值离散”和“点数有限”是使用数字计算机进行傅里叶变换的两大特点。为了区别常见的傅里叶变换，我们称它为离散傅里叶变换（DFT）。

下面从连续傅里叶变换出发，从图5-3上来认识DFT的演变过程及出现的问题。

如图5-3a所示为某一连续信号$x(t)$及其傅里叶变换$X(f)$。将$x(t)$乘以采样函数$\delta_n(t)$（图5-3b）得到一无限的离散函数$x_1(t)=x(t)\delta_n(t)$（图5-3c）。根据卷积定理（时域的乘积对应于频域的卷积）可知，$x_1(t)$的傅里叶变换$X_1(f)=X(f)*\Delta_n(f)$。而函数与$\delta$函数的卷积就是把该函数简单地平移到$\delta$函数所对应的位置，于是得到图5-3c。比较$X_1(f)$与$X(f)$可知，时域函数的离散导致频域图形的周期化。这是DFT引入的第一次误差。

至此，采样后的函数$x_1(t)$仍有无限个离散点，而计算机只能接受有限个。

因此，要对 $x_1(t)$ 进行时域截断，取出 $N$ 个有限点。这在数学上可理解为用一高度为 1 的矩形函数 $u(t)$（图 5-3d）乘以 $x_1(t)$。由于 $u(t)$ 的作用相当于一个窗户，故称为窗函数。$T$ 为截断长度，即采样时间。截断后的信号为 $x_2(t)=x_1(t)u(t)$（图 5-3e），其傅里叶变换 $X_2(f)$ 仍利用频域的卷积 $X_1(f)*U(f)$ 进行计算。卷积的结果使得在 $X_1(f)$ 的基础上出现许多皱波（ripple），即与截断前信号的频谱不同了，这说明信号所包含的能量也发生了变化，我们称这种变化为泄漏。泄漏是由于窗函数 $u(t)$ 频谱 $U(f)$ 有许多旁瓣而引起的（图 5-3d），中间的主峰称为主瓣。在主峰两侧出现的一系列小峰称为旁瓣，把窗函数的频谱出现旁瓣的现象称为泄漏。如果增加采样时间 $T$，则 $U(f)$ 将变窄、变高，泄漏就随之减小（图 5-4）。当 $T\to\infty$（即不施行时域截断）时，$U(f)$ 变为 $\delta$ 函数，皱波便完全消失。可见时域函数的截断导致频域函数出现皱波，这是 DFT 引入的第二次误差。

图 5-3e 中的傅里叶变换对中频域函数 $X_2(f)$ 仍不是计算机能接受的离散函数，因此还需要乘以频域采样函数 $\Delta_k(f)$（图 5-3f），得到 $X_3(f)=X_2(f)*\Delta_k(f)$（图 5-3g）。根据卷积定理，$X_3(f)$ 的傅里叶逆变换为：$X_3(t)=X_2(t)*\delta_k(t)$。至此，得到了如图 5-3g 所示的 DFT 对，它在时域和频域都是用离散值表示的。

在理解 DFT 时，特别要注意的是，时域上采样的结果将得到频率的周期函数（图 5-3c），而频域上采样的结果将得到时间的周期函数（图 5-3g）。由此可知，DFT 需要将原时间函数和频率函数都修改成周期函数。换句话说，DFT 意味着在时域、频域两方面都周期化。不过在计算机中仅存储了 $N$ 个时域采样值和 $N$ 个频域采样值，它们分别表示时域波形和频域波形的一个周期，并且近似于原来的连续傅里叶变换对。

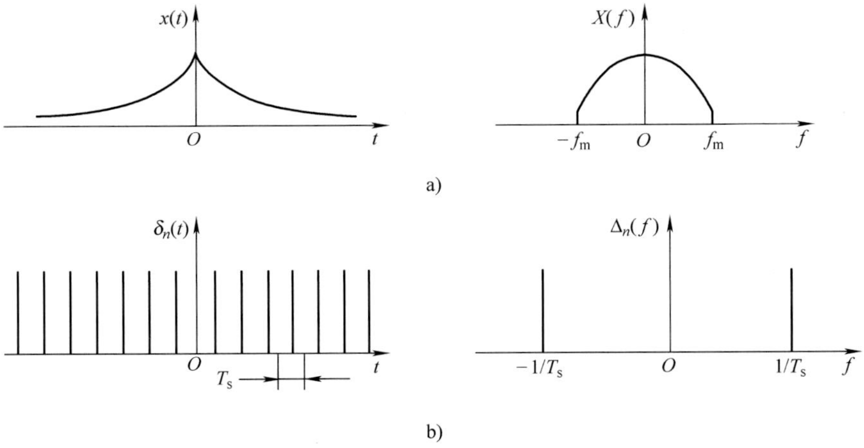


**图 5-3　DFT 图解说明**

a）模拟信号及傅里叶变换（一）　b）模拟信号及傅里叶变换（二）

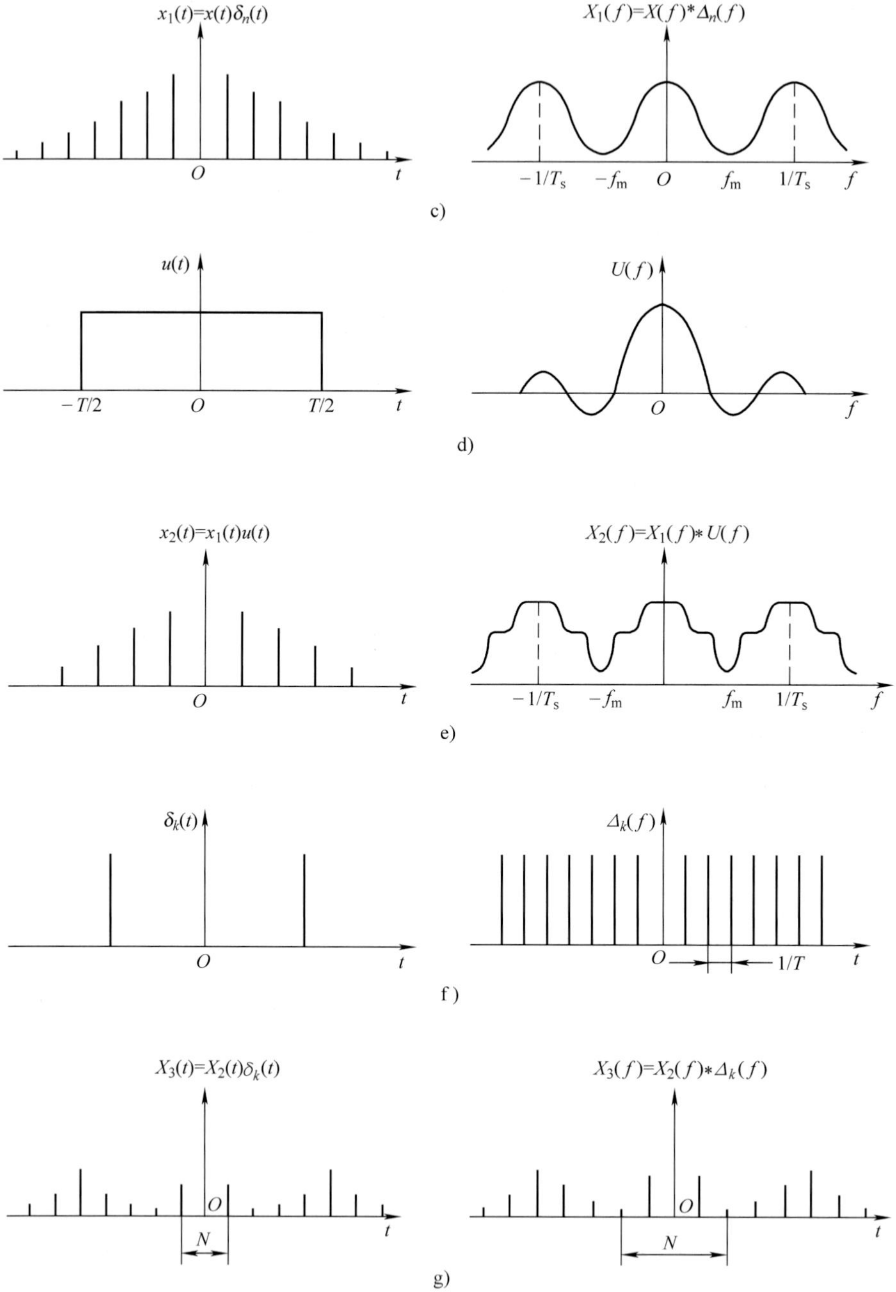


**图 5-3　DFT 图解说明（续）**

c）离散信号及傅里叶变换　d）矩形函数及傅里叶变换　e）矩形函数采样信号及其傅里叶变换（一）　f）矩形函数采样信号及其傅里叶变换（二）　g）离散信号傅里叶变换

按照上述推演 DFT 的思路，可从理论上导出 DFT 的数学表达式

$$X(k) = \sum_{n=0}^{N-1} x(n)\,e^{-j2\pi kn/N}, k = 0,1,2,3,\cdots,N-1 \tag{5-2}$$

$$x(n) = \frac{1}{N}\sum_{n=0}^{N-1} X(k)\,e^{j2\pi kn/N}, n = 0,1,2,\cdots,N-1 \tag{5-3}$$

式中：$X(k)$为频率分辨率为$\Delta f = 1/T$的 $N$ 个频域采样值；$x(n)$为时间采样间隔为 $T$ 的 $N$ 个时域采样值。

## 5.1.3　数字化分析处理中的若干问题

### 1. 频率混淆

由图 5-3c 可以看出，时域的采样引起了频域的周期化。这时如果采样频率$f_s$选得足够高，则频域各周期的图形不会发生重叠。与此同时，在应用中仅取$[-f_s/2, f_s/2]$（双边谱）或仅取$[0, f_s/2]$（单边谱）进行分析，其余各周期不予理会，则频域周期化所带来的误差就可能完全避免。在工程上，称采样频率的一半$f_n = f_s/2$为奈奎斯特频率或截止频率。

如果原信号频带很宽或采样频率$f_s$选得太低，则频域中相邻周期的波形就会发生重叠，从而引起误差（图 5-4），这种现象称为频率混淆，简称为频混。

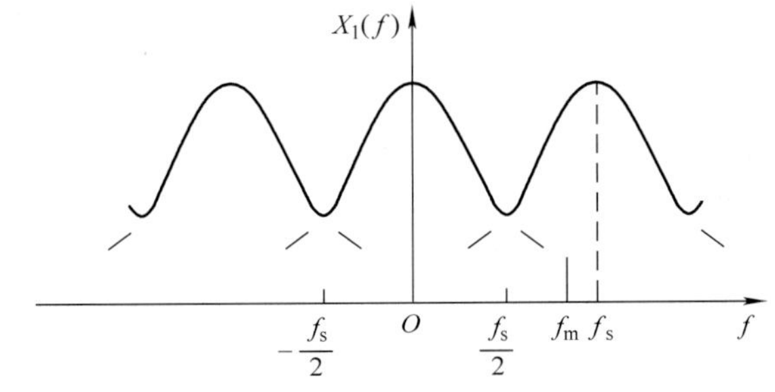


图 5-4　混叠现象

如果一个信号的频谱具有无限的带宽，则不论如何选择采样频率$f_s$，频混误差都不可避免。然而这种信号并不多见，比较常见的是一个有用的低频信号混进了一个高频的噪声信号。因此，在采样之前先用低通滤波器滤去高频噪声，这种低通滤波器称为抗混淆滤波器。在现代数字式分析系统中，它已被列为基本组成环节。抗混淆滤波器的截止频率选为$f_s/2$。

### 2. 采样频率及频率分辨率

由采样定理可知：对一个频率为$0 \sim f_m$的有限带宽连续信号进行采样，只有当采样频率$f_s \geqslant 2f_m$时，其 DFT 才不发生频率混淆，因而只有用这样采样的点才能得到离散信号的频谱。同时也只有用这样采样的点才能够完全恢复原时域信号的连续波形$x(t)$，不过此时要借助插值公式

$$x(t) = \sum_{n=-\infty}^{\infty} x(nT_s)\sin\frac{\pi(t-nT_s)}{T_s} \Big/ \frac{\pi(t-nT_s)}{T_s} \tag{5-4}$$

来求出采样点以外的其他点。

采样定理要求$f_s \geqslant 2f_m$，但采样频率$f_s$并非选得越高越好。由$N$个时域采样点进行DFT，得到$N$个频域点，俗称$N$条谱线。对应的频率范围为$[-f_s/2, f_s/2]$，因此相邻谱线的频率增量为

$$\Delta f = \frac{\frac{f_s}{2} - \left(-\frac{f_s}{2}\right)}{N} = \frac{f_s}{N} \tag{5-5}$$

可见当采样点数$N$一定时，采样频率$f_s$越高，频率增量大，频率分辨率越低。因此，在满足采样定理的前提下，采样频率不应选得过高，一般取$f_s = (2 \sim 3)f_m$就够了。

由式（5-5）可以看出，采样频率$f_s$选定后，要想提高频率分辨率，就要增加采样点数$N$，这就意味着要增加采样时间，多占计算机内存容量和延长计算时间。为解决此矛盾，可采用小波变换等现代信号分析处理方法。小波变换具有多分辨率的特点，可以按粗细不同的尺度观察信号，对频率信号的分析采用不同的分辨率，弥补了常规分析方法的不足。

**3. 采样点数$N$的选择**

DFT为使用计算机进行频谱分析提供了理论依据，但还存在一个实际问题，就是计算工作量太大，即使利用计算机这种强有力的快速计算工具也要花费很长的时间。于是人们力图寻找一种快而简便的算法，使DFT真正具有实用价值。1956年美国人库利（Cooley）、图基（Tukey）提出了一种称为FFT的算法，问题才得到了圆满解决。FFT算法将DFT算法的计算速度提高到原来的$N/\log_2 N$倍，使傅里叶变换可以在瞬间完成。目前已有很多关于DFT的硬、软件及专用机可供使用。

FFT算法要求采样点数$N$必须是2的正整数次幂，因此采样点数$N$必须选用为$N=2^p$（$p$为正整数），常取$p=9 \sim 11$。采样点数取得过多则会造成计算时间太长。

**4. 窗函教、截断和泄漏**

信号的历程一般较长，在进行数字信号处理时要进行截断。截断就是将无限长的信号乘以有限宽的窗函数。“窗”的意思是指透过窗口能够“看到‘外景（信号）’”的一部分。最简单的窗是矩形窗（图5-5），其函数为

$$\omega(t) = \begin{cases} 1, & |t| < T \\ \frac{1}{2}, & |t| = T \\ 0, & |t| < T \end{cases} \tag{5-6}$$

其频谱函数为

$$W(f)=2T\frac{\sin(2\pi fT)}{2\pi fT}=2T\mathrm{sinc}(2\pi fT) \tag{5-7}$$

对信号截取一段（$-T$，$T$），就相当于在时域中 $x(t)$ 乘以矩形窗函数 $\omega(t)$，于是有

$$x(t)\omega(t)\Leftrightarrow X(f)*W(f) \tag{5-8}$$

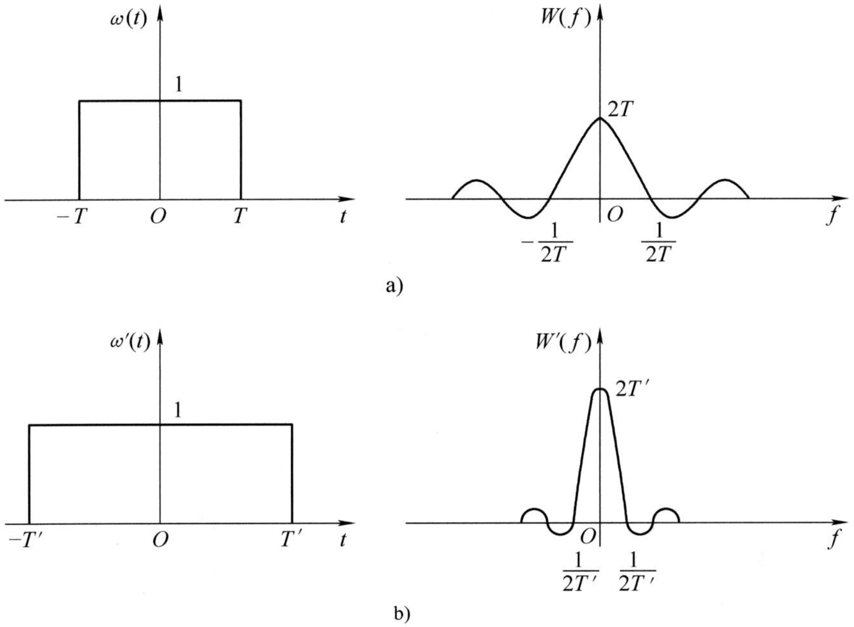


图 5-5　矩形窗

由于 $\omega(t)$ 是一个频带无限的函数，所以即使 $x(t)$ 是限带信号，而在截断以后也必须成为无限带宽的函数，这说明信号的能量分布扩展了。从上面的讨论可知，无论采样频率多高，只要信号一经截断就不可避免地导致一些误差，这一现象称为泄漏。

如果增大截断长度，则 $W(f)$ 图形将压缩变窄（图 5-5b），虽在理论上其频谱范围仍为无穷宽，但实际上中心频率以外的频率分量衰减较快，因而泄漏误差将减小。当 $T$ 趋于无限大时，则 $W(f)$ 将变为 $\Delta(f)$ 函数，而 $\Delta(f)$ 函数与 $X(f)$ 的卷积仍为 $X(f)$。这就说明了，如果不截断就没有泄漏误差。

一个时域信号越是变化剧烈（即越含有脉冲性突变或阶跃性突变），其频率成分越丰富。泄漏与窗函数频谱的旁瓣有关，如矩形窗函数频域中的旁瓣就是由于窗两端的阶跃性突变所致。因此，只要选择两端比较平滑的窗函数，便能

减少泄漏误差。根据这一原理，人们提出了许多实用的窗函数，如汉宁窗、哈明窗、高斯窗和三角窗等。图 5-6 给出了常用窗函数的图形。

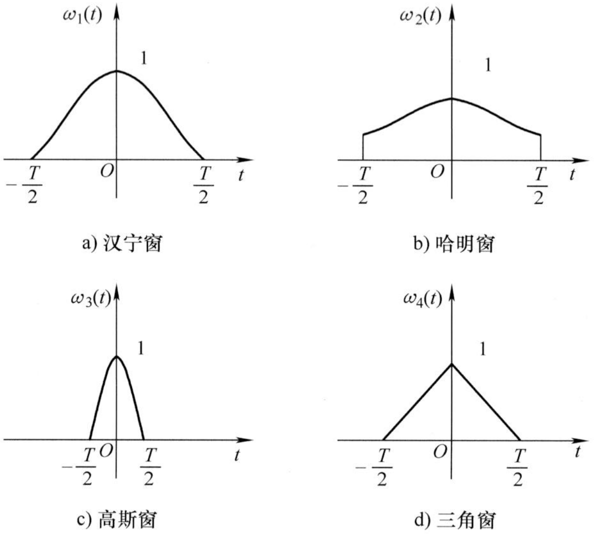


**图 5-6　常用窗函数的图形**

比较上述窗函数，矩形窗旁瓣最高但主瓣最窄；高斯窗旁瓣最低但主瓣却最宽；最理想的窗函数应该是主瓣窄而旁瓣低。因此，在处理数据时，要根据具体要求来选择窗函数。一般来说应注意下述几点。

第一，如果要分析信号中那些幅值很小的频率成分（即次要的频率成分），则不能用矩形窗，而应该用泄漏最小的高斯窗。因为那些幅度较小的谱密度将被矩形窗本身引起的皱波所淹没。

第二，如果仅仅分析信号的主要频率成分，而不考查频谱的细微结构，则可用计算最为简单的矩形窗。

第三，如果要两者兼顾，则可用汉宁窗或哈明窗；而哈明窗的应用最为广泛。

需要指出的是，除了矩形窗外，其他窗在对时域函数截断的同时，还对时域函数的幅值有影响，导致频域函数幅值下降。因而，要乘以一个修正系数进行修正，这点在计算时要特别注意。

**5. 平均化处理**

DFT 是连续傅里叶变换的一种近似。对信号进行截断分析，用数学的语言来说就是抽出总体信号的一个样本进行分析。如果多抽出一些样本进行 DFT，最后取其平均值，必然会抵消一些随机误差而获得较高精度。这种方法称为平均化，它在数据处理中得到了广泛的应用。其具体做法是先把足够多的点数采入计算机存储器，然后一段接一段进行分析，最后取平均。若总点数不够，取用时各段之间可以交叉，使同一数据能够多段重复使用。

### 5.1.4　FFT（快速傅里叶变换）

FFT 是 DFT 的快速算法，它在确定 DFT 的系数时，使所要求的乘法及加法次数减少。FFT 的算法有很多种，其中大多数已编制了程序，从而使应用于数字频谱分析、滤波器模拟及相关领域的计算技术产生了较大的发展。

在按照式（5-2）的 DFT 直接计算 $X(k)$ 值时，对于 $N$ 个 $X(k)$ 中的每一个必须做 $N$ 次 $x(n)$ 乘以 $\mathrm{e}^{-j2\pi kn/N}$。所以共有 $N^2$ 次复数乘法运算，而且还要做 $N(N-1)$ 次复数相加的运算。其计算工作量直接与 $N$ 的大小有关，当 $N$ 较大时，计算工作量将急剧增加。

FFT 算法的实质就是把一个长数据序列 $x(n)$，经多次分选抽取，最终分割成 $n/2$ 个，每个有两个数据的序列做 DFT 计算，并分别算出分割后比较短的子序列的频谱；然后按一定的规则组合，即可得到整个序列 $x(n)$ 的频谱。

例如：有一数据序列 $\{x(n)\}$，$n=0$，1，2，…，$N-1$，如图 5-7 所示（$N=8$）。将序列 $\{x(n)\}$ 按偶数项和奇数项，经一次抽取组合成两个较短的半序列 $\{y(n)\}$ 和 $\{z(n)\}$，其中

$$\begin{cases} y(n)=x(2n) \\ z(n)=x(2n+1) \end{cases} \quad \left(n=0,1,2,\cdots,\frac{N}{2}-1\right) \tag{5-9}$$

则它们与 $X(k)$ 的关系为

$$\begin{cases} X(k)=\dfrac{1}{2}[Y(k)+\mathrm{e}^{-j2\pi kn/N}Z(k)] \\ X\left(k+\dfrac{N}{2}\right)=\dfrac{1}{2}[Y(k)-\mathrm{e}^{-j2\pi kn/N}Z(k)] \end{cases} \quad \left(k=0,\ 1,\ 2,\ \cdots,\ \frac{N}{2}-1\right) \tag{5-10}$$

式（5-10）表明，原序列 $\{x(n)\}$ 的 DFT 能直接根据两个半序列的 DFT 计算出来。

如果原序列 $\{x(n)\}$ 的总项数 $N=2^p$，则可以把它分割成两个半序列，半序列 $\{y(n)\}$ 和 $\{z(n)\}$ 又可以分成 4 个 1/4 序列；然后再分成 8 个 1/8 序列，直到最后每个序列只剩下两项为止。这样，只需对只有两项的“序列”求 DFT；然后应用式（5-10）逐步“合并”；最终可求得原序列 $\{x(n)\}$ 的 DFT。按 FFT 算法逻辑步骤，编好程序用计算机进行计算。

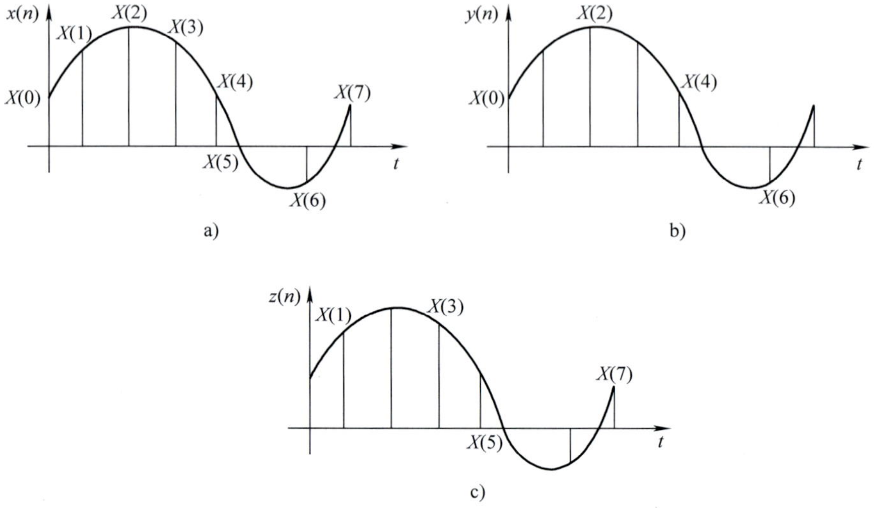


图 5-7　原始序列{$x(n)$}及其半序列{$y(n)$}、{$z(n)$}

## 5.2　时频分析与传输理论

通过传感器检测到的声发射信号受声发射源、声发射传感器特性、声发射传感器至声发射源传播路径等影响，声发射传感器输出信号十分复杂，即声发射传感器的输出是可知的，而输入是不可知的。

根据观察到的声发射波形特征，一般把其分为连续型和突发型，以便对声发射信号进行分析。图 5-8 为突发型声发射信号波形，图 5-9 为连续型声发射信号波形。

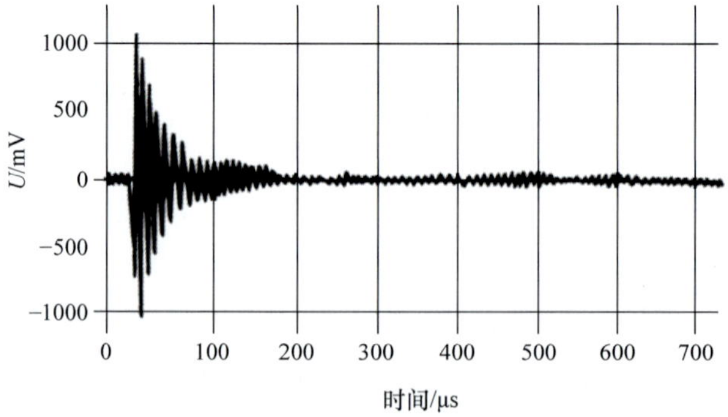


图 5-8　突发型声发射信号波形

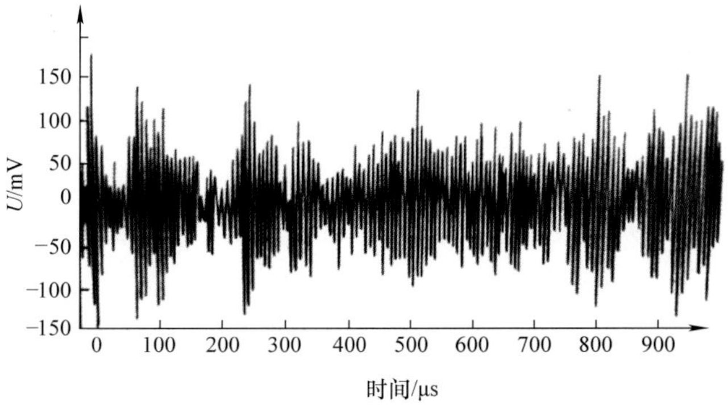


**图 5-9　连续型声发射信号波形**

工程实际的声发射过程多为突发过程，如金属材料的裂纹扩展，机床道具的异常磨损、破损时释放的弹性波，其声发射波均为一连串脉冲衰减波，脉冲宽度约数微秒至数毫秒。这种现象与应变能继续释放有关，因位错运动的塞积与解脱或微小裂纹的扩展所致。连续型的声发射波形只有在声发射频度达到时域上不可分离的程度时才能显现出来，如固体材料的弹塑性变形和机械加工正常切削等。机械设备的声发射信号可能因弹性变形及塑性变形产生，其声发射信号波形也可能以突发型和连续型混合出现。

突发型或连续型声发射信号均可视为随时间变化的量，是时间的函数（$x(t)$）。在相应的图形表示中，作为自变量出现在横坐标上的物理量为时间 $t$，信号的这种描述方法称为信号的时域描述。在时域中对信号进行分析的方法称为信号的时域描述。

信号的时域分析根据声发射检测系统检测记录的时域波形对信号进行分析，这种方法比较直观，且能一目了然地观察出信号随时间的变化过程，但看不出信号的频率成分。受声发射传感器技术和仪器硬件技术的限制，早期的声发射仪器很少能捕捉到声发射的瞬态波形，并对其进行实时处理；只能根据传感器的输出波形对声发射信号的参数进行分析。

## 5.2.1　声信号的时域分析

随机信号的主要统计特征参数：

1）均值定义为样本记录所有值的简单平均，即

$$\mu_x = \lim_{T\to\infty} \frac{1}{T}\int_0^T x(t)\,\mathrm{d}t \tag{5-11}$$

式中：$x(t)$为随机过程的样本记录；$T$为样本记录时间。

均值反映了随机信号的静态分量（直流分量）。实际工作中常用有限长度样本记录来代替，均值的估计值$\widehat{\mu_x}$为

$$\widehat{\mu_x} = \frac{1}{T}\int_0^T x(t)\,\mathrm{d}t \tag{5-12}$$

2）方差$\hat{\sigma}_x^2$。方差用以描述随机信号的动态分量，其估计值为

$$\hat{\sigma}_x^2 = \int_0^T [x(t) - \mu_x(t)]^2\,\mathrm{d}t \tag{5-13}$$

$\hat{\sigma}_x^2$的大小反映了随机变量表对均值的离散程度。

3）均方值$\hat{\psi}_x^2$。均方值定义为

$$\hat{\psi}_x^2 = \frac{1}{T}\int_0^T x^2(t)\,\mathrm{d}t \tag{5-14}$$

均方值描述了随机信号的强度或平均功率，其平方根称为均方根值（有效值）。

均值、方差和均方值之间有如下关系：

$$\hat{\psi}_x^2 = {\mu_x}^2 + \hat{\sigma}_x^2 \tag{5-15}$$

### 5.2.2 声信号的频域分析

频谱分析方法多种多样，按照所考查的随频率变化的变量的不同，可以分为幅度谱、相位谱、功率谱、倒频谱等。同时，基于超声检测技术的自身特点，还需要研究衰减系数、相速度等声学参量随频率的变化情况。因此，衰减谱、速度谱也是超声波信号频谱分析中的重要内容。有关频谱分析方法的参考资料很多，鉴于篇幅所限，本章仅仅针对超声波信号分析中应用较多的平滑、滤波、幅度谱、相位谱、功率谱及倒频谱等给予介绍，虽然这些方法的定义及原理在信号处理的专门书籍中均有详细的介绍，但涉及如何将其应用于超声检测信号分析中的文献并不多。鉴于这种情况，本章给出了上述分析方法在超声波信号分析中的应用实例。如需了解每种频谱分析方法的理论推导及原理，请查阅其他信号处理方面的专著。

**1. 幅度谱**

信号幅值随频率变化，对应的谱图称之为幅度谱。幅度谱在超声检测信号分析中具有非常重要的地位，且应用非常广泛。此处借鉴地球物理储层预测中的频谱分析思路，引入了傅里叶谱特征的概念，又称为谱属性。所谓谱属性，是指在持续一段时间的一个时窗内测量的频谱，是一种类型的体积属性。频谱中逐渐发生的瞬时变化，特别是高频成分的丢失，能够反映波经过介质传播的

结果。频谱中的空间变化或快速瞬时变化，可以作为一个体积属性使用。这些变化，可能与材料组织结构及特性的变化有关。

分析认为，某些材料特性的变化会引起超声波信号频谱的变化。例如：与超声波半波长相匹配的薄层介质的调谐效应；在不规则表面上的能量散射，可能导致高频成分损失等。

在对材料进行定量超声表征与评价时，首先要在反映材料组织结构或性能变化的参量与频谱特征参量之间建立明确的相关性，为此需要引入更多的频谱特征参量，如下所示。

1）振幅谱主频率，是指振幅谱极大值对应的频率，反映信号简谐成分中振幅最大的简谐分量频率。

2）振幅谱极大值，是指振幅谱主频对应的幅值，表示主频简谐分量的振幅大小。

3）平均中心频率，是指把振幅谱曲线包含的面积分成高频和低频面积相等的两部分，分界处的频率即是平均中心频率，这是一个表示信号简谐成分按频率分布的特征参数。

4）频带宽度，是指把在低截频和高截频之间振幅谱曲线所包含的面积，用一个高为振幅谱极大值的矩形面积代替。该矩形面积的宽度以频率为量纲，即为所求的频带宽度。该参数反映了波形特点，它与子波延续时间成反比。

5）频谱一阶矩和频谱二阶矩，频谱一阶矩$M_1$ 和频谱二阶矩$M_2$ 用于表示振幅谱分散度。以平均中心频率为原点，在频率轴上计算频率差，并以它为加权值，计算振幅谱加权面积，得到参数$M_1$ 和$M_2$。当信号频率集中于原点附近，$M_1$ 和$M_2$ 数值较小；信号频率成分丰富，分散于高频和低频各部分，即具有宽频带信号特点，则$M_1$ 和$M_2$ 数值变大。频谱二阶矩$M_2$ 同频谱一阶矩$M_1$ 相比较，由于使用更尖锐的权系数，对信号频率分布变化更敏感。

6）优势频带宽度，定义为振幅谱幅值超过指定门槛值的频率范围，它反映信号的瞬时频率变化。

7）优势频率，是指在固定时窗内计算信号过零线次数或零点的个数，它反映信号瞬时频率变化。

8）三个最大的极大值频率，是用来表征频率域的振幅谱，使用频谱的三个峰值频率，检测由于气孔及裂隙引起的异常产生的频率吸收。

**2. 功率谱**

为了研究信号的能量（或功率）的频率分布，并突出信号频谱图中的需要做功率谱分析。特别是对于有明显非确定性的随机信号，由于实际时间系列的信号和噪声的振幅、相位和频率变化的随机性质，导致用经典的傅里叶分析得到幅值谱和相位谱的方法效果不好。此时，需要从统计的角度出发，引进适合于具有随机性质时间序列的谱分析方法，即功率谱分析方法。它是把傅里叶分析和统计分析法两者结合起来考虑的。

一般来说，功率与幅度的平方成正比，相应的谱称为功率谱。

在时间域，任何实函数 $x(t)$ 的平均功率由式（5-16）定义：

$$\lim_{T\to\infty}\frac{1}{T}\int_{-\frac{T}{2}}^{\frac{T}{2}}|x(t)|^2\mathrm{d}t \tag{5-16}$$

当其极限存在时，在任何实际情况中 $T$ 都是有限的。

式中：$|x(t)|^2$ 为 $x(t)$ 瞬时功率；若积分 $\int_{-\infty}^{\infty}|x(t)|^2\mathrm{d}t$ 收敛，则它代表 $x(t)$ 的总能量。

功率谱分析用于随机过程，当用于分析的超声检测数据是一个均值为零的随机过程时，功率谱为它的一个统计特征，并可以较好地表示反射波特征。

可借鉴幅度谱中特征参量的定义来引入功率谱的特征参量，如主频率、中心频率等。除此以外，功率谱本身还可以用下面的参量来描述。

1）加权功率谱平均频率。计算功率谱对频率的加权平均值时，与全频带内计算的功率谱加权平均值进行比较，为后者的 $A$（%）时所得到的高截频即为所求参数。通常 $A$ 取 25、50、75、90 等，这个参数也是信号能量按频率分布的一个标志。

2）指定带宽能量是指定带宽能量在低截频和由用户指定的特定频率边界间包含的能量。用一个低频带宽能量，可以检测气孔和裂隙，特别适用于识别薄层的存在。

3）加权功率谱频率是指频率加权功率谱到达全频带范围内频率加权功率谱的 50% 处的频率。

4）有限频带能量是指在有限频带范围内功率谱曲线下的总面积。

5）主频对应的能量是指最大峰值频率所对应的能量。

**3. 倒频谱**

倒频谱（cepstrum）可以用来分析复杂频谱图上的周期成分，分离和提取在密集泛频信号中的成分。在分析具有同族谐频和异族谐频等复杂信号时，且效果很好。目前倒频谱已在对语言分析中的语言音调测定、检测机械振动谱图中的谐波分量做故障检测和诊断，以及排除回波等方面得到实际应用。倒频谱分析包括功率倒频谱（power cepstrum）分析和复倒频谱（complex cepstrum）分析两种主要形式，此处仅介绍功率倒频谱。

功率倒频谱的定义为“对数功率谱的功率谱”，其表达式为

$$C_x(\tau) = |F[\lg P_x(f)]|^2 \tag{5-17}$$

式中：$P_x(f)$为信号的自功率谱；$C_x(\tau)$为功率倒频谱，单位为$dB^2$；$F$ 表示傅里叶变换；自变量 $\tau$ 称为倒频率，$\tau$ 是具有时间的量纲。

一般说来，大的 $\tau$ 值称为高倒频率，表示在频谱图上的快速波动和密集谐频；与此相反，小的 $\tau$ 值称为低倒频率，表示在频谱图上的缓慢波动和离散谐频。

实际工程中常用的倒频谱表达式为

$$C_a(\tau) = \sqrt{C_x(\tau)} = |F[\lg P_x(f)]| \tag{5-18}$$

式中，$C_a(\tau)$被称为幅值倒频谱，或简称为倒频谱，单位为 dB。

倒频谱实际上是频域信号取对数的傅里叶变换再处理，又称为“频域信号的傅里叶再变换”。对功率谱密度函数取对数的目的是为了使再变换后信号的能量更加集中。

由于功率倒频谱是对频谱做谱分析得到的，因此，它与自相关函数有关。功率倒频谱与自相关函数具有类似的结构形式和相同的自变量，两者的主要区别在于功率倒频谱是对功率谱做对数转换（即转换成分贝）后再进行傅里叶变换，而自相关函数则是由功率谱函数在线性坐标上的傅里叶变换得到的。由于倒频谱在功率谱的对数转换时，给低幅值分量有较高的加权，可以帮助判别谱的周期性，又能精确地测出频率间隔，因此在某些场合使用倒频谱而不用自相关函数。同时，因为相关函数检测回波的峰值与频谱形状的关系十分密切，经过滤波后（如地震波通过地球传输）实际上不可能加以检测。而功率谱的对数通常对这种滤波的带宽不敏感。所以，在自相关函数无法分辨的场合，功率倒频谱往往还能显示出延时峰；因对这种整个谱的形状不敏感性使倒频谱获得了许多应用。

图 5-10 是元音“a”的对数谱和倒频谱。由图 5-10 中可以看到，信号中包含有大量谐波分量，谐波间距等于语音音调。此外，存在许多共振峰，即所谓的构成成分，它由声道的形状决定，并确定了特定的元音声。

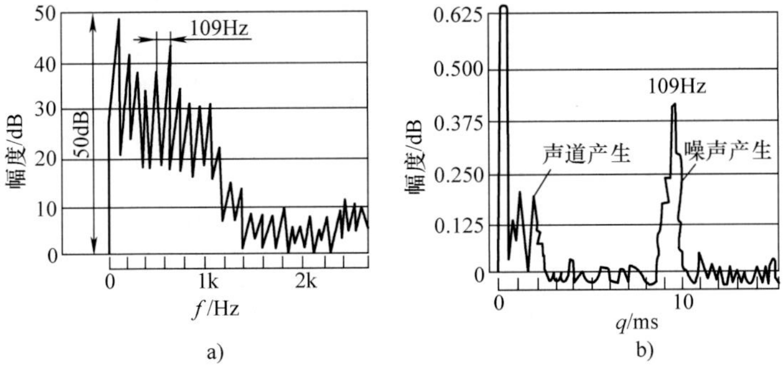


图 5-10　元音“a”的对数谱和倒频谱分析

设$P_v(f)$为声道内发出的语音信号的功率谱，$P_f(f)$为共振噪声成分的功率谱，两者合成的元音声的功率谱为

$$P_x(f) = P_v(f)\,P_f(f) \tag{5-19}$$

若以对数形式表达，则式（5-19）可改写成

$$\lg P_x(f) = \lg[P_v(f)] + \lg[P_f(f)] \tag{5-20}$$

因为傅里叶变换的线性特性，所以在倒频谱中两个函数仍保持相加的关系，并简写成

$$C_x(\tau) = C_f(\tau) + C_v(\tau) \tag{5-21}$$

从图5-10b中可以看出，由声道产生的构成成分与由噪声产生的语音特征，在倒频谱中处于完全不同的位置，能够明显地区别开来。

此外，在对信号进行频谱分析过程中，还有一些实际问题需要考虑，以及需要进行所谓的预处理。预处理的基本方法有预滤波、零均值的变换、移动趋势项和信号求平均值等。当信号需要平滑或抑制不需要的频率分量时，可采用滤波的方法；零均值的变换可以简化数字信号处理过程，通过变换使数据的平均值为零；移动趋势项可以避免对峰值的错判及防止对功率谱计算不准确。详细内容请参考相关资料。

### 5.2.3 信号传输理论基础

信号是传输信息的载体，信息蕴含在信号之中，信息不具有能量，但信息的传输必须依靠物质能量。人们要获取信息，首先要获取信号，再通过对信号的分析处理获取所需要的信息。

以医生诊断心脏病为例，医生欲诊断病人是否患有心脏疾病，通常先让病人做心电图。心电图显示的是一种与人的心脏跳动有关的生物电位信号，它是生物电位随时间变化的函数，可通过压电薄膜将人体相应部位的生物电信号转换为电信号，并以曲线的形式记录、显示出来。医生以正常心电图为参考，通过专业知识，对比患者的心电图，以此判断就诊者是否患病或患有何种类型的心脏疾病。不难看出，医生诊断的依据是心电图。试想，人体生物电信号转换为电信号随时间变化的曲线（心电图）的过程，即信号的传输过程对诊断结果有决定性影响。

载着信息的信号所通过的通道称为信道，一般可理解为传输信息的介质或途径，如声音或电磁波传播的空间，声发射波传播过程中的金属构件和电子元器件缀成的网络等。图5-11为声发射检测原理示意图。

从声源到传感器至少需要经过传输介质和耦合介质、换能器、测量电路等一系列中间过程，因此，由声发射传感器所获得的输出信号至少是声源、传输介质、耦合介质和压电换能器（机械能转换为电荷）响应等因素的综合结果。

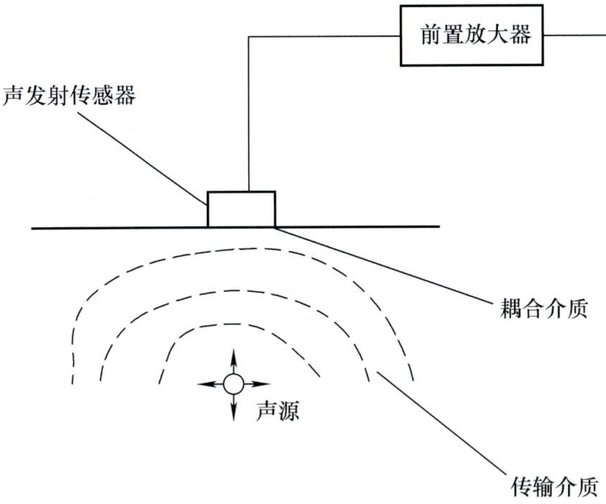


图 5-11　声发射检测原理示意图

声发射信道如图 5-12 所示。

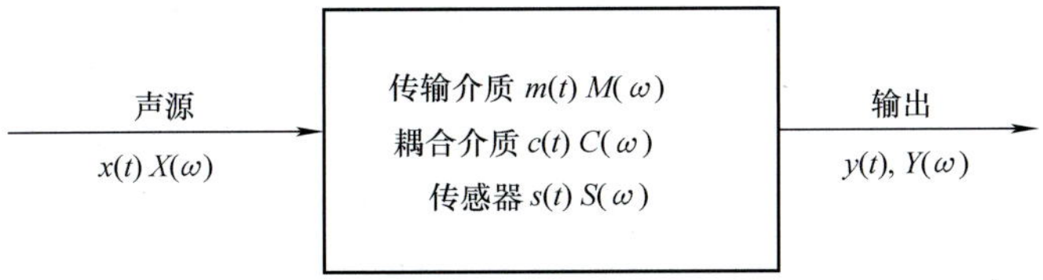


图 5-12　声发射信道

由输入与输出时域及频域的关系可知：

$$y(t) = x(t)m(t)c(t)s(t) \tag{5-22}$$

$G(t)$称为传输函数，$G(t) = m(t)c(t)s(t)$，则

$$y(t) = x(t)G(t) \tag{5-23}$$

$$Y(\omega) = X(\omega)G(\omega) = X(\omega)M(\omega)C(\omega)S(\omega) \tag{5-24}$$

声发射传输函数直接影响检测结果，传输函数 $G(\omega) = \dfrac{Y(\omega)}{X(\omega)}$的带宽对输出与输入的影响是显而易见的，在声发射检测过程中必须对传感器表面和检测面的耦合、传感器的安装固定、信号及供电电缆提出严格的要求。

信道最大信息传输率称为信道容量或称为信息传输速度，单位为 bit/s，是表征信道传输信息能力大小的统计参量，工程中常采用香农信道容量关系式为

$$C = B\lg\left(1 + \frac{P_S}{P_N}\right) = B\lg\left(1 + \frac{S}{N}\right) \tag{5-25}$$

式中：$C$ 为单位时间内的信道容量（dB）；$B$ 为信道带宽（不失真传输的频率范

围)；$P_S$为输入信号的平均功率；$P_N$为引入信道的干扰噪声的平均功率；$\frac{P_S}{P_N}$为信噪功率比；$\frac{S}{N}$为信噪比。

香农公式表明，信道可靠传输的最大信息量完全取决于信道的带宽和信噪比。从信息传输的有效性角度看，信噪比是重要的影响指标。运用香农公式，分析声发射检测系统具有十分重要的指导意义。

例如：信噪比 30dB，带宽 $B=4000\text{Hz}$，则信道容量为

$$C=4000\lg(1+10^{\frac{30}{10}})=4000\log_2 1001=40000\text{bit/s} \tag{5-26}$$

实际最大为 19200bit/s。

声发射源产生的经声发射传感器、前置放大器放大后的电信号能量，通过电缆与信号分析主机相连。信号传输实践证明，在低频情况下，把能量从电源传输至负载只要用两根导线就可以了，且对这两根导线的形状并没有什么要求。但如果信号频率很高，其波长短到与两根导线间的距离可以相比拟时，能量就会通过导线辐射到空间去。也就是说，在高频下两根导线同时起着天线的作用，可使输送至负载的能量大大减少。为避免辐射损耗，可以把传输电缆做成封闭的形式，像同轴线那样电磁场就完全被限制在内、外导体之间，因而消除了辐射损耗。同轴电缆是目前声发射系统中最常用的传输电缆。声发射传感器、前置放大器等产品供应商，依据自身产品的特点，各自有其相匹配的传输电缆，如同轴电缆、双芯绞合线等。

## 5.3 滤波器

### 5.3.1 滤波的基本原理

滤波器是指具有一定传输特性的信号处理装置。按照输入滤波器的信号是模拟的还是离散的，滤波器可以分为模拟滤波器和数字滤波器（图 5-13）两大类。模拟滤波器用于处理输入的模拟信号，其作用是让信号中有用的频率成分通过系统，消除或抑制不必要的频率成分。模拟滤波器从功能上一般可分为四种，即低通（low pass）、高通（high pass）、带通（band pass）、带阻（band stop）滤波器。

数字滤波器设计是数字信号处理的重要任务之一。从离散时间系统的滤波功能上同样可把系统分为低通、高通、带通、带阻滤波器，与模拟滤波器不同的是，数字滤波器以 $2\pi$ 为周期，在主周期［0，$2\pi$］内其幅度特性关于 $\omega=\pi$ 呈偶对称，$\omega$ 从 $0\sim\pi$ 变化时，频率越来越高；$\omega$ 从 $\pi\sim2\pi$ 变化时，频率越来越

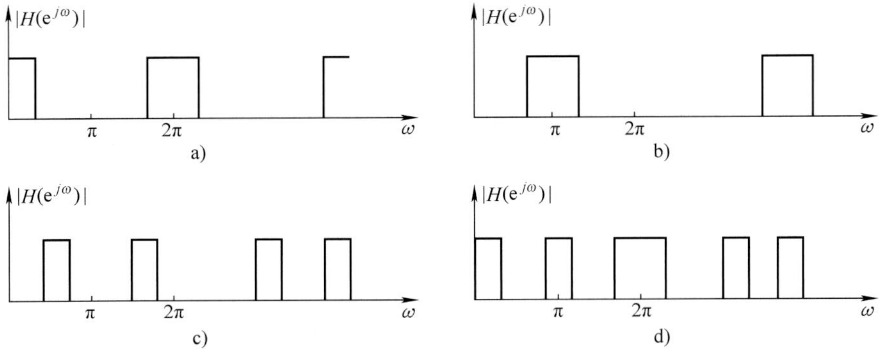


**图 5-13　理想数字滤波器幅频特性图**

a）数字低通滤波器　b）数字高通滤波器　c）数字带通滤波器　d）数字带阻滤波器

低，其幅频特性如图 5-13 所示。根据系统的单位样值响应 $h[n]$ 的长度分类，可把离散系统分为有限长单位样值响应滤波器（Finite Impulse Response，FIR）和无限长单位样值响应滤波器（Infinite Impulse Response，IIR）。

假设某离散时间系统的系统函数为

$$H(z) = \frac{Y(z)}{X(z)} = \frac{\sum_{k=0}^{M} b_k z^{-k}}{1 - \sum_{k=1}^{M} a_k z^{-k}} \tag{5-27}$$

式中，分母多项式只要有一项系数 $a_k$ 不为零，则在有限 $z$ 平面就会出现极点，这个系统即为 IIR 滤波器。如果分母多项式全部系数都为零，则该系统所有极点都在原点上，此时系统绝对稳定，称为 FIR 滤波器。

从图 5-13 可见，四种类型的模拟滤波器与数字滤波器（数字角频率 $\omega \in [0, \pi]$）的幅频特性图是对应类似的。下面以数字低通滤波器为例讲述其技术指标。

典型的数字滤波器的技术指标以容限图的形式给出，如图 5-14 所示。$|H(e^{j\omega})|$ 为数字低通滤波器的幅度响应，$\omega_p$ 为通带截止频率，$\omega_s$ 为阻带截止频率，$\alpha_p$、$\alpha_s$ 分别为通带和阻带的容限。在频带 $[0, \omega_p]$ 内的信号频率成分可以通过滤波器，该频带称为通带（pass - band）。在频带 $[\omega_p, \omega_s]$ 内的信号频率成分经过滤波器时受到抑制，该段频带称为过渡带。在频带 $[\omega_s, \pi]$ 内的信号频率成分经过滤波器后有较大衰减，该段频带称为阻带（stop - band）。

在工程中设计滤波器时，通常和阻带内的允许衰减一般用分贝（dB）数表示，通带内允许的最大衰减用 $\delta_p$ 表示，阻带内允许的最小衰减用 $\delta_s$。$\delta_p$ 和 $\delta_s$ 分别定义为

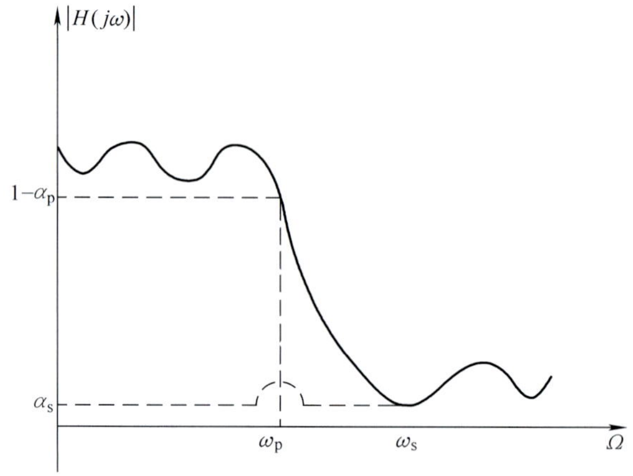


图 5-14 数字低通滤波器幅度特性容限图

$$\delta_p = 20\lg\frac{|H(e^{j0})|}{H(e^{j\omega_p})} = -20\lg H(e^{j\omega_p}) = -20\lg(1-\alpha_p) \tag{5-28}$$

$$\delta_s = 20\lg\frac{|H(e^{j0})|}{H(e^{j\omega_s})} = -20\lg H(e^{j\omega_s}) = -20\lg(\alpha_s) \tag{5-29}$$

通常 $\omega=0$，$|H(e^{j0})|=1$。当 $|H(e^{j\omega_p}))|=\frac{\sqrt{2}}{2}=0.707$ 时，$\delta_p=-3\text{dB}$，此时的频率$\omega_p$称为 3dB 通带截止频率。

典型的模拟滤波器的技术指标的容限图形式与图 5-14 类似，需要把通带截止频率$\omega_p$替换为$\Omega_p$，阻带截止频率$\omega_s$替换为$\Omega_s$。$\delta_p$和$\delta_s$的计算公式也与式（5-28）和式（5-29）类似，即

$$\delta_p = 20\lg\frac{|H(j0)|}{H(j\Omega_p)} = -20\lg H(j\Omega_p) = -20\lg(1-\alpha_p) \tag{5-30}$$

$$\delta_s = 20\lg\frac{|H(j0)|}{H(j\Omega_s)} = -20\lg H(j\Omega_s) = -20\lg(\alpha_s) \tag{5-31}$$

滤波器设计就是确定滤波器的技术指标，包括通带衰减$\delta_p$（passband ripple）、阻带衰减$\delta_s$（stopband attenuation）、通带截止频率$\omega_p$（或$\Omega_p$）、阻带截止频率叫$\omega_s$（或$\Omega_s$）、过渡带宽 $\Delta\omega=\omega_s-\omega_p$（或 $\Delta\Omega=\Omega_s-\Omega_p$）等。滤波器的通带衰减$\delta_p$为相对于频率响应最大点（一般为 1）的下降，因此下降越少说明通带越平缓，滤波器的滤波效果越好（通常为 1 ~ 3dB）。滤波器的阻带衰减$\delta_s$也是相对于频率响应最大点（一般为 1）的下降，下降越多说明信号在阻带内越不容易通过，因此滤波效果越好（通常要大于 15dB）。过渡带宽越窄，滤波器的频率特性越接近于理想滤波器的直角矩形特性，滤波效果也越好。对于高通、带通、带阻滤波器也具有相对应的参数。

## 5.3.2　滤波器设计

### 1. 自适应滤波器

数字滤波器是声发射检测与诊断系统中常用的滤波器，它是在模拟滤波器础上发展起来的，用于数字信号的滤波。数字滤波器是根据输入信号的特点和滤波要求选取适当的滤波因子（滤波器中频率响应函数）进行数学运算，并将被测信号的时域（或频域）序列按预定要求转换成数字序列输出。D－S 证据理论、B－P 网络等都具有数字滤波的功能。

检测机械设备的声发射信号过程中，机构、零部件之间相对运动摩擦和振动产生的机械噪声频率多在 10～100kHz。而实践中采用高谐振频率的声发射传感器及适当的高通滤波器相结合可抑制这种噪声。对于构件内部的摩擦噪声信号幅度比被测声发射信号强，其频带可能与待测声发射信号频率相同，即占有相同的频带。这种情况下，要从如此强烈的背景噪声中分离有用信息，不排除噪声干扰，很难测取到真正的声发射信号。实践表明，自适应滤波（adaptive filtering）能自动调整其滤波参数，可用来从噪声中提取有用信号。

自适应滤波可看作一个特性参数可变的可编程滤波器，以及加上一套控制其特性变化的自适应算法；通过误差与算法的反馈控制，保证其跟踪外部环境变化的自适应能力，使输出估计误差为最小，进而得到最佳的滤波效果。这种滤波器又称为最佳滤波器。

对含有干扰噪声的输入信号 $x(t)=p(t)+q(t)$ 进行最佳滤波。滤波器可视为一个最小均方估计器，其脉冲响应为 $h(t)$，则滤波器输出为 $\hat{y}(t)$ 为

$$\hat{y}(t) = x(t)h(t)\int_{t}^{T} x(t)h(t-\tau)\,\mathrm{d}t \tag{5-32}$$

由于噪声干扰，输出 $\hat{y}(t)$ 与输入 $x(t)$ 不同，其误差 $\varepsilon(t)=\hat{y}(t)-x(t)$；对于线性滤波器一般采用均方误差最小原则，即式（5-33）的值最小。

$$\varepsilon^2(t) = \lim \frac{1}{T}\int_{-T}^{T}[\hat{y}(t)-x(t)]^2\mathrm{d}t \tag{5-33}$$

设自适应滤波器的单位样本函数为 $h(n)$，输入为 $x(n)=p(n)+q(n)$，自适应滤波有一个自动识别和控制环节。即将滤波器的输出 $y(n)$ 与所希望的响应 $H(n)$ 进行比较，比较的偏差 $\varepsilon(n)$ 会自动返回去控制滤波器的脉冲响应，使 $y(n)$ 与 $H(n)$ 之间的均方误差为最小，即

$$E[H(n)-y(n)]^2=\min \tag{5-34}$$

横向结构的 FIR（有限冲激响应数字滤波器）自适应滤波器是目前声发射检测系统中最常用的方法，图 5-15 为其原理结构图。

滤波器输出是 $N$ 个所有过去输入的线性加权之和，即

$$y_j = \sum_{i=1}^{N} \overline{\omega}_i x_{ij} \tag{5-35}$$

式中，$\overline{\omega}_i$为各输入的加权系数。

自适应滤波因算法的不同有各种不同的名称，如递归型自适应滤波器、自适应陷波滤波器等，无论何种算法，其目的都是求出均方误差为最小的权矢量。权系数矢量 $\overline{\omega}^*$ 的最小均方误差为

$$\min[E(\varepsilon_j^2)] = E(H_j^2) - \overline{\omega}^* \boldsymbol{R}_{xd} \tag{5-36}$$

式中，$\boldsymbol{R}_{xd}$为 $x_{ij}$与希望输出的互相关矩阵。

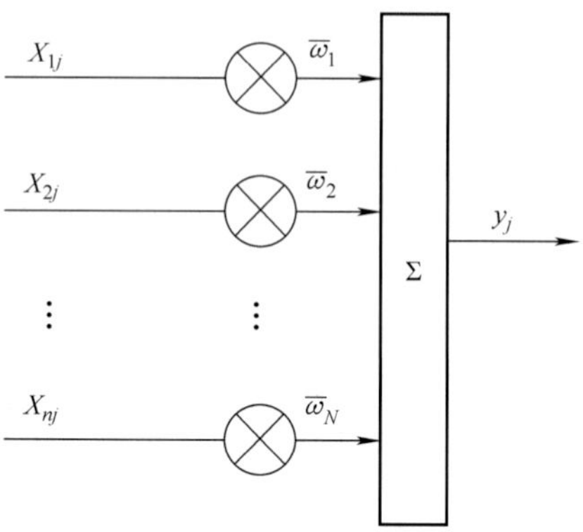


**图 5-15　自适应滤波器原理结构图**

根据式（5-36）计算，要先了解或确定相关矩阵$\boldsymbol{R}_{xd}$，当输入信号的统计特性参数发生缓慢变化时，每次都要计算相关矩阵，其计算量繁杂且工作量大。1959 年 Widrow 等提出的递推算法，即事先无须知道或确定相关函数的精确值，它根据最优化方法中的最陡下降法，使下一时刻的权系数矢量$\overline{\boldsymbol{\omega}}(j+1)$等于现时刻权系数矢量$\overline{\boldsymbol{\omega}}(j)$加上一项与均方差函数成比例的梯度$\nabla(j)$，即

$$\overline{\boldsymbol{\omega}}(j+1) = \overline{\boldsymbol{\omega}}(j) - \lambda \nabla(j) \tag{5-37}$$

式中，$\lambda$ 为递推因子，控制滤波器收敛速度的参数；$\nabla(j)$为均方误差梯度。

权系数矢量迭代表达式为

$$\overline{\boldsymbol{\omega}}(j+1) = \overline{\boldsymbol{\omega}}(j) + 2\lambda\varepsilon(j)\boldsymbol{X}(j) \tag{5-38}$$

式（5-38）说明，下一时刻的权系数矢量$\overline{\boldsymbol{\omega}}(j+1)$可由当前时刻的权系数矢量$\overline{\boldsymbol{\omega}}(j)$加上一个以误差函数 $2\lambda\varepsilon(j)$为比例的输入矢量 $\boldsymbol{X}(j)$得到。该方法是一种简单有效的方法之一。

声发射检测技术中使用的空间滤波器就是依自适应滤波器原理设计的，它可抑制住方向性背景噪声干扰，能有效检测出微弱的声发射源信号。

**2. 贝塞尔滤波器**

为了测量构件的声发射信号，必须在适当的位置设置声发射传感器。在声场中，声发射传感器相当于一个弹性体，射入声波将在此产生散射。因声发射传感器的设置使原来的声场受到干扰而发生畸变，从某种意义上讲，声发射传感器接收到的声波是已发生畸变的声波。这种因障碍物引起的声波散射现象十分复杂。

若声发射波不是从正对声发射传感器的压电膜片的垂直轴线方向传入，而是从周期各方向以角 $\theta$ 入射，则压电膜片所受的力 $F$ 为

$$F=\left(\frac{A}{x}s\right)e^{j(\omega t-kx)}\left[\frac{2J_1(k_0a\sin\theta)}{k_0a\sin\theta}\right] \tag{5-39}$$

式中：$A$ 为常数，与声源的强度成正比；$x$ 为传感器与点声源之间的距离；$s=\pi a^2-a$；$a$ 为传感器压电膜片的半径；$J_1$ 为一阶贝塞尔函数。

可以看出，声发射传感器压电膜片所受的力与声发射波的入射方向有关，即声发射传感器具有指向特性。

理想的声发射传感器应具有较高的灵敏度，以及宽而平直的频率特性；还应有足够的动态范围，满足没有指向性的要求。

波动方程反映了声波随时间和空间变化的时空关系，以及介质中声波传播物理过程的共同特性，但不涉及声波产生的原因和具体波的形式。$\frac{1}{c^2}\frac{\partial^2 p}{\partial\omega^2}-\Delta p=0$（$p$ 为声压），只能给出声压函数的通解，也就是方程的解，是不确定的函数形式。要解出具体的声压函数，必须根据问题的初始条件与边界条件。初始条件决定于介质中初始振动或激励的分布情况，边界条件决定于介质中特定界面上或特定点处的声压和声速。

贝塞尔方程是二阶变系数常微分方程，贝塞尔方程的解称为贝塞尔函数，即$x^2y^{-1}+xy+(x^2-v^2)y=0$，$v$ 是实数。波阵面上声振幅不仅是时间 $t$ 的函数，还是方向角和极角的函数。

以贝塞尔低通滤波器为例，在 $0\sim\omega_0$ 的频率范围，随着阶数 $n$ 的增加，其线性程度越来越好。如 $\omega=0$，$\tau=1/\omega_0$，在上限截止频率 $\omega_0$ 处，二阶的时延 $\tau=12\omega_0/13$，三阶的时延 $\tau=276\omega_0/277$。可见贝塞尔滤波器所具有的线性相位特性。

贝塞尔函数表达式中的 $s$ 为拉普拉斯算子，是对应某一个因次变量的映射因子，因而 $s$ 是个有量纲的因子。在设计贝塞尔滤波器时，需要对其做归一化处理，常用的方法如下：

1）将非归一化的滤波器指标转换成归一化条件。

2）根据归一化条件，选择滤波器阶数 $n$，设计满足该条件的贝塞尔函数。

例如：五阶贝塞尔函数氏$B_n(s)=s^5+15s^4+105s^3+420s^2+94s+945$。归一化为$\hat{s}$。

工程实践中除贝塞尔滤波器外，常采用的还有巴特沃斯滤波器和切比雪夫滤波器等。从幅频特性上看，具有相同阶数的各类滤波器中，其衰减特性依次为切比雪夫滤波器、巴特沃斯滤波器、贝塞尔滤波器；通带内波纹特性依次为巴特沃斯滤波器、切比雪夫滤波器、贝塞尔滤波器。从相频特性上，满足线性相位的滤波器只有贝塞尔滤波器，即其波形失真最小。但由于其通带特性及衰减特性较差，在同样滤波器指标下，贝塞尔滤波器的阶数要高，才能达到较理想的幅频特性和相频特性要求。

# 第 6 章

# 锅炉炉管泄漏声源定位方法

前文对锅炉的本体结构、水汽泄漏原因、泄漏声发射信号的分析都是为了选择出更为合适的定位方法和实现更为准确的定位。锅炉炉管漏点的准确定位，一方面为质检单位提供了检测凭据，有利于我国锅炉设备制造产业的升级进步；另一方面为锅炉使用单位提供了监测与检修的手段，停炉检修前就预先知晓漏点位置将大大缩短锅炉停机时间，减少了单位生产效益的损失。并且，此种方法不仅适用于锅炉设备检测，其引申出的声源定位技术在语音通信、人工智能、军事地质领域都有着广阔的应用前景及价值。例如：在视频会议中，摄像头需要自动地转向感兴趣的说话人方向；对于高速行驶的车辆，为避免驾驶员用手去接听电话，车载免提电话应运而生；在军事上，空防巡逻、导弹打击弹点的准确度判别、武器发射点预判都需要声源定位技术来实现。

现有的声源定位技术根据实现方式不同可以分为单步和双步定位方法。单步定位包括基于波束指向（steered beamformer）的定位方法和基于高分辨率谱分析的方法。双步定位技术实现一个定位过程要分两步来完成，它包括了基于TDOA 和基于双耳电平差（interaural level difference，ILD）的双步定位技术。然而一个最优的声源定位器不但要求具有最少的麦克风数目，而且还应能提供精确的定位结果和具有较高的计算效率。本章将依次介绍各种普遍应用的声源定位技术，重点介绍适用于锅炉检测的 TDOA 技术。

## 6.1 定位方法综述

### 6.1.1 基于最大输出功率的可控波束形成方法

基于可控波束的声源定位方法，是一种主要应用于雷达、声纳和通信领域的早期的声源定位方法。该方法利用波束形成技术，调整阵列的接收方向，然后扫描整个接收空间，其中能量最大的方位即为声源的方位。基于最大输出功率的可控波束形成的定位方法，通过对接收的阵列信号进行加权滤波形成波束，然后通过搜索声源的可能位置来引导该波束，其中输出功率最大的就是声源的位置。

基于信号处理技术的波束形成最主要的两个研究方向是自适应波束形成和空间谱估计。自适应波束形成的产生要早于空间谱估计，而且得到了广泛的应用，其工程实用系统也已屡见不鲜。相反，尽管空间谱估计在近 30 年中也得到了快速的发展，内容之丰富令人叹为观止，但其实用系统尚不多见。实际上空间谱估计技术与自适应波束形成技术既有其内在的联系，又各具特点并相互促进。

**1. 自适应波束形成方法**

自适应波束形成又称为传统波束形成。由阵列波束形成技术与自适应信号处理相结合就成为自适应波束形成，其基本思想是将阵列的各阵元输出做加权求和处理；再依据不同的最优化准则，通过自适应算法，使阵列的输出对不同空间方向的信号产生不同的响应，进而实现阵列波束指向期望信号、零陷指向干扰信号。在噪声源识别定位的应用中，根据传声器阵列接收的声压、质点振速等声源参数信息，通过调整权系数增强指向期望信号的主波束，使衰减抑制指向干扰或非期望的信号，以此来估测噪声源的方位、重建声源表面的波束形成声压、表面振速、声强等声学参数。传统波束形成技术是基于远场平面波声源做假设，该方法利用了空域维纳滤波的匹配概念。而空域滤波实际上是用来估计入射信号的波达方向（Direction of Arrival，DOA）从接收数据中测出信号方向，不管信号是期望信号还是干扰信号，在 DOA 估计方向图中都表现为峰值，但这些峰值并不是实际阵列的输出功率。而波束形成是对传统滤波的空域拓展，其根本目的是有效提取期望信号并抑制噪声和干扰。在 DOA 方向图中表现为期望信号方向形成波束（即主波瓣），而干扰方向形成零陷。在将远场波束形成技术用于估测平面入射波时，是由传声器阵列来接收空间平面入射波，再利用传声器之间接收声波时间上及传声器自身位置上的差异，来确定声源信号的入射方向的。

**2. 空间谱估计方法**

与自适应波束形成技术不同，空间谱估计侧重于研究空间多传声器阵列所构成的处理系统对感兴趣的空间信号的多种参数进行准确估计的能力。其主要目的是通过传声器阵列对接收到的多路空间声场采样信号进行分析及处理，进而在空间域估计出一个或多个声源的方位、距离、频率等参数。类似于时域频谱表示信号在各个频率上的能量分布，而“空间谱”表示信号在空间各个方向上的能量分布。因此，如果能得到信号的“空间谱”，就能得到信号的波达方向。此外，空间谱估计常称为“超（高）分辨率谱估计”，这主要是因为空间谱估计技术具有超高的空间信号的分辨能力，能突破并进一步改善一个波束宽度内的空间不同来向信号的分辨能力。

高分辨率空间谱估计的波束形成本质上是一种子空间估计方法，可以突破瑞利（Raylei 曲线）获得超高分辨率。但是这种方法的缺点是计算量太大，且计算时间长。延迟求和（delay and sum）波束形成是最简单的自适应波束形成方法，基本思想是首先进行波达时间差估计，并从中获取传声器阵列里各个阵元相对于参考阵元的延迟；然后利用获取的波达时间差，结合已知的阵列空间位置进一步确定出声源的入射方向或位置。这种方法与前者相比，最大的特点是计算量要小，更利于实时处理。因此延迟求和方法是波束形成声源定位方法中应用最广泛、研究最多、发展最成熟的方法。

下面介绍近场情况下的声源球面波定位原理，其示意图如图 6-1 所示。

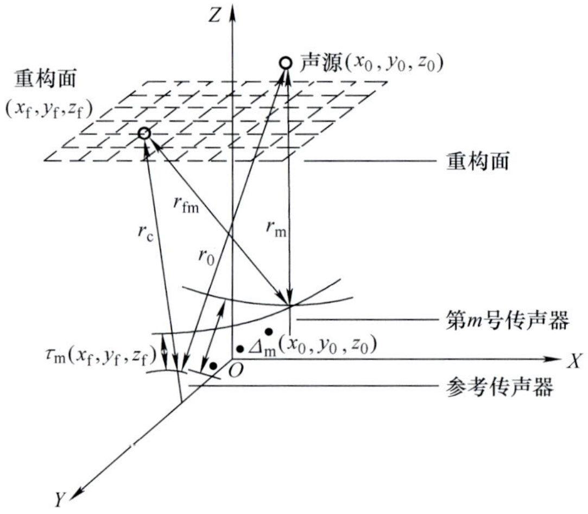


图 6-1　声源球面波定位原理示意图

设定声源坐标为（$x_0$，$y_0$，$z_0$），第 $m$ 号传声器坐标为（$x_m$，$y_m$，$z_m$），$m$ 为传声器序号。选取 1 号传声器为参考传声器，其坐标为（$x_1$，$y_1$，$z_1$），则参考传声器接受声压信号的表示式为

$$P_1(\omega) = \frac{P_0}{|r_0|} e^{-jk|r_0|} \tag{6-1}$$

式中，$P_1(\omega)$ = 为参考传声器接收到的声压信号；$r_0 = \sqrt{(x_0 - x_1)^2 + (y_0 - y_1)^2 + (z_0 - z_1)^2}$ 为声源到参考传声器之间的距离；$|r_0|$ 表示向量取模或复数取幅值；$k = \frac{\omega}{c}$ 为波数，$\omega$ 表示声源简谐振动的圆频率，$c$ 是声波的传播速度；$P_0$ 为点源的强度，这里单极子点声源的强度定义为距离声源中心 1m 的球面上的声压值 $H$。

$m$ 号传声器相对于参考传声器的延时时间为

$$\Delta_m(x_0, y_0, z_0) = \frac{|r_0| - |r_m|}{c}$$

$$= \frac{\sqrt{(x_0-x_1)^2+(y_0-y_1)^2+(z_0-z_1)^2}-\sqrt{(x_0-x_m)^2+(y_0-y_m)^2+(z_0-z_m)^2}}{c} \tag{6-2}$$

式中，$r_m$为声源到第 $m$ 号传声器间的距离。

由于辐射声波为球面波，传声器远离声源时，接收到的声压信号会有幅值衰减，所以第 $m$ 号传声器接收声压信号与参考传声器接收声压信号的关系表示为

$$P_m(\omega)=P_1(\omega)\frac{|r_0|}{|r_m|}e^{j\omega\cdot\Delta_m(x_0,y_0,z_0)} \tag{6-3}$$

当反向重构到三维空间上的重构点（$x_f$，$y_f$，$z_f$）时，$|r_c|=\sqrt{(x_f-x_1)^2+(y_f-y_1)^2+(z_f-z_1)^2}$为参考传声器到重构点的距离，$|r_{fm}|=\sqrt{(x_f-x_m)^2+(y_f-y_m)^2+(z_f-z_m)^2}$为第 $m$ 号传声器到重构点的距离，则第 $m$ 号传声器相对于参考传声器的延时时间为

$$\tau_m(x_f,y_f,z_f)\frac{|r_c|-|r_{fm}|}{c}=$$

$$\frac{\sqrt{(x_f-x_1)^2+(y_f-y_1)^2+(z_f-z_1)^2}-\sqrt{(x_f-x_m)^2+(y_f-y_m)^2+(z_f-z_m)^2}}{c} \tag{6-4}$$

根据延迟求和原理，对各传声器信号进行相位延迟量$\tau_m(x_f,y_f,z_f)$的补偿后求和。再按传声器通道数目 $M$，对声压进行归一化，结果为

$$\begin{aligned} B(x_f,y_f,z_f,\omega) &= \frac{1}{M}\sum_{m=1}^{M}\omega_m P_m(\omega)\ e^{-j\omega\cdot\tau_m(x_f,y_f,z_f)} \\ &= \frac{|r_0|}{M}P_1(\omega)\sum_{m=1}^{M}\omega_m\cdot\frac{1}{|r_m|}e^{j\omega\cdot[\Delta_m[(x_0,y_0,z_0)-\tau_m(x_f,y_f,z_f)]} \end{aligned} \tag{6-5}$$

式中：$\omega_m$是第 $m$ 号传声器的加权系数；$B$（$x_f$，$y_f$，$z_f$，$\omega$）为波束形成归一化声压复数输出。

由三角不等式得

$$\frac{|r_0|}{M}P_1(\omega)\sum_{m=1}^{M}\omega_m\cdot\frac{1}{|r_m|}e^{j\omega\cdot[\Delta_m[(x_0,y_0,z_0)-\tau_m(x_f,y_f,z_f)]}\leqslant\frac{|r_0|}{M}P_1(\omega)\sum_{m=1}^{M}\omega_m\cdot\frac{1}{|r_m|} \tag{6-6}$$

当$\Delta_1-\tau_1=\Delta_2-\tau_2=\cdots=\Delta_m-\tau_m$成立时，$B(x_f, y_f, z_f, \omega)$取得最大值。则$B(x_f, y_f, z_f, \omega)\max$所在的位置即为声场响应最大值对应的空间位置。

从理论上来说，由于声场响应的最大值对应声源的坐标，所以不管任何阵型，只要输出声场响应的最大值对应的空间位置，就能定位识别定位声源的三

维坐标，而阵列的形状和阵元的分布仅会影响声源识别定位的精度。

## 6.1.2 基于高分辨率谱估计的定位方法

基于子空间的定位技术来源于现代高分辨率谱估计技术，同时在阵列信号处理技术中，子空间技术是最基础、最重要的技术之一。它的基本思想是根据信号之间的相关矩阵的空间谱，计算麦克风阵列之间的相关矩阵来获得声源的方位角；然后再计算出声源的位置。

### 1. 发展历史

空间谱显示阵列接收的入射信号在不同方向上的能量高低。空间谱估计与自适应阵列处理一样，是阵列信号处理的重要分支。在很多文献中，空间谱估计也被称作波达方向估计。该算法分辨率能够突破“Rayleigh 限”，尤其在较为理想的情况下，可以利用累计的大量采样样本，逼近克拉美罗界（CRB，Cramer RaoBound）。所以又被称为高（超）分辨测向算法。

空间谱估计算法是在 20 世纪诞生的。最早出现空间谱估计算法时被称作常规波束形成（Conventional Beamformer，CBF）法。后来，有研究人员将时域上的频率谱估计推广到了空间谱上，进而引起更多的研究人员参与到空间谱估计的研究中。在 1960 ~ 1970 年这段时间里，出现了很多经典的空间谱估计算法，包含有 Pisarenko 的谐波分析法、最大熵法（Maximum Entropy Method，MEM）、Capon 提出最小方差法（Minimum Variation Method，MVM）等。这些算法其优良的性能都是建立在较高的信噪比下的，因当信噪比较低时，算法性能并不优越。

到了 20 世纪 70 年代，空间谱估计技术取得了巨大的进步。其中多重信号分类（Multiple Signal Classification，MUSIC）算法的提出开启了空间谱估计算法研究的新篇章。该算法通过天线阵列累计数据来获得自相关矩阵，将自相关矩阵的特征向量划分为噪声子空间和信号子空间，并利用两者的正交性获得空间谱。

之后，根据应用场景和对算法性能要求的不同，在 MUSIC 算法的基础上又提出了大量的改进算法，如求根 MSUIC 算法（Root - MUSIC）、加权 MUSIC 算法（WMUSIC）、解相干 MUSIC 算法等。Richard Roy 和 Thomas Kailath 利用信号子空间的旋转酉不变性，提出了旋转不变子空间（Estimating Signal Parametervia Rotational Invariance Techniques，ESPRIT）算法，这是另外一类极具代表性的子空间类空间谱估计算法。ESPRIT 算法以阵列流形中隐含的空间平移不变性，即阵列的形式可划分成完全相同的子阵，从而利用形成与阵列相同的子空间得到旋转不变方程；最后利用各种解旋方法如最小二乘法得到信号源的波达方向估计。该类算法克服了子空间类算法计算量大，不能应用在低信噪比、小样本数、不能解相干的特点，而是能够应用在更多的场合。这类算法中比较有代表性的有多维 MUSIC（MD－MUSIC，Multipledimensional－MUSIC）算法、最大似然（ML，Maximum Likelihood）参数估计算法、加权信号子空间拟合算法等。

21 世纪以来，为了满足测向要求，MeCloud M L 提出了 SSMUSIC（Subspace Scaled MUSIC）算法。该算法能够利用噪声子空间和信号子空间形成联合空间谱，提高了算法分辨率；Mahdi Shaghaghi 提出了一种能够应用于非均匀阵列的解相干算法。该算法能通过改变阵列间距来提高天线孔径，并且通过前后向平滑技术进行解相；为了避免大量的计算，Enriquea 提出了一种快速 Root－MUSIC 算法。该算法通过求解一部分特征值而不是所有的特征值来完成测向的目的，有效地避免了大量复杂的计算。同时，由于信号处理技术的提高，遗传算法、神经网络、高阶谱分析、时频分析、小波分析等技术被应用到了空间谱估计中。

### 2. 空间谱估计常见方法

子空间类方法一般可以划分为以下两种：一种是信号子空间的主分量方法；另外一种是根据信号和噪声的子空间正交的特性，并求解出噪声子空间的特征向量；最后由特征向量进行空间谱估计。这种算法中最具有代表性的是多重信号分类法，也就是常见 MUSIC 算法。基于高分辨率谱估计的定位方法通过时间平均来估计麦克风信号之间的相关矩阵，这就要求接收信号具有平稳性。因此语音信号往往不能满足这种条件。而且在实际应用中，语音信号处理一般都位于室内环境中，而室内环境中可能存在各种噪声、反射和混响，会对语音信号处理的结果产生意料不到的错误，尤其是室内混响的影响。另一方面，在语音信号的定位中，声源信号的模型可能是远场模型或近场模型，因此声源射入到阵列的波形可能是平面波或球形波，而该方法假定声源信号看成平面波，因此不适应近场模型。另外语音信号是宽带信号，而高精度谱估计技术一般针对的是窄带信号，这就需要增加算法的运算量，即将宽带语音信号转化为窄带信号进行处理。这势必会增加运算的复杂度，从而降低算法的实时性。

空间谱估计是一种空域处理技术，由于其优越的空域参数（如方位角）估计性能，从而吸引了广大学者进行研究，并将其广泛应用到其他领域。空间谱估计属于阵列信号处理的一个重要分支，所以其基础理论离不开阵列信号处理的基本原理，即通过空间阵列接收数据的相位差来确定一个或几个待估计的参数，如方位角、俯仰角及信号源数等。

整个空间谱估计系统应该由三个部分组成：空间信号入射、空间阵列接收及参数估计。相应地可分为三个空间，即目标空间、观察空间及估计空间，也就是说，空间谱估计系统由这三个空间组成，如图 6-2 所示。

目标空间是一个由信号源的参数与复杂环境参数组成的空间。对于空间谱估计系统，就是利用特定的一些方法从这个复杂的目标空间中估计出信号的未知参数。

观察空间是利用空间按一定方式排列的阵元，来接收目标空间的辐射信号。由于环境的复杂性，所以接收数据中包括信号特征（方位、距离、极化等）和空间环境特征（噪声、杂波、干扰等）。另外，由于空间阵元的影响，接收数据中同样也含有空间阵列的某些特征（互耦、通道不一致、频带不一致等）。这里的观察空间是一个多维空间，即系统的接收数据是由多个通道组成，而传统的时域处理方法通常只有一个通道。特别需要指出的是：通道与阵元并不是一一对应，通道是由空间的一个、几个或所有阵元合成的（可用加权或不加权）。当然空间某个特定的阵元可包含在不同的通道内。

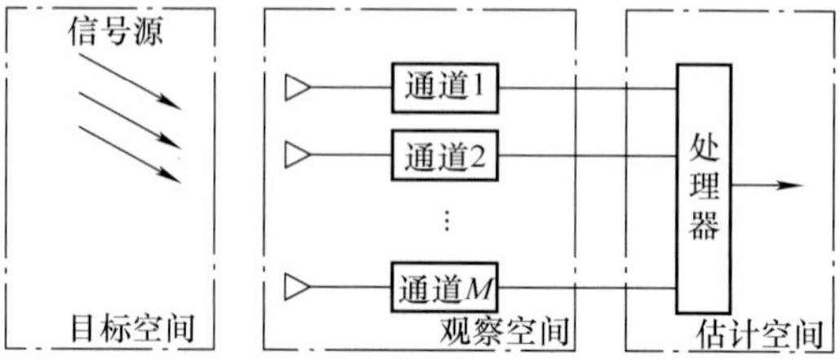

**图 6-2　空间谱估计系统组成**

估计空间是利用空间谱估计技术（包括阵列信号处理中的一些技术，如阵列校正、空域滤波等技术），从复杂的观察数据中提取信号的特征参数。

从图 6-2 中可以清晰地看出，估计空间相当于是对目标空间的一个重构过程。这个重构的精度由众多因素决定，如环境的复杂性、空间阵元间的互耦、通道不一致、频带不一致等。这个重构过程的理论基础就是下面要阐述的数学模型。

如图 6-3 所示，考虑两个阵元，$d$ 为阵元间距，$c$ 为光速，$\theta$ 为远场信号的入射角度，$\varphi$ 为阵元间的相位延迟。则天线所接收信号由于波程差 $\tau=\dfrac{d\sin\theta}{c}$，从而可得两阵元间的相位差为

$$\varphi = e^{-j\omega\tau} = e^{-j\omega\frac{d\sin\theta}{c}} = e^{-j2\pi\frac{d\sin\theta}{\lambda f_0}f} \tag{6-7}$$

式中，$f_0$ 是中心频率。

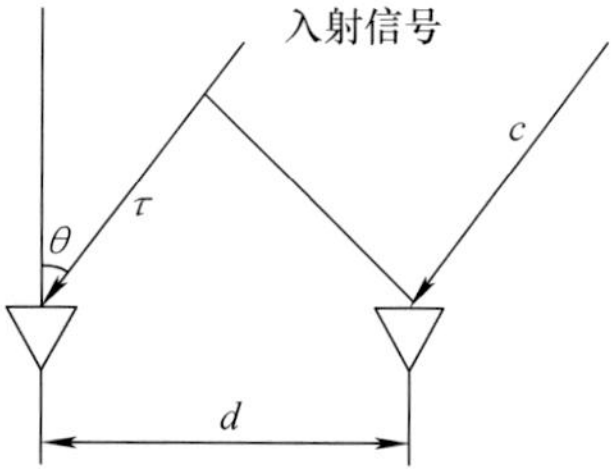

**图 6-3　DOA 估计原理图**

对于窄带信号，相位差

$$\varphi = e^{-j2\pi\frac{d\sin\theta}{\lambda}} \tag{6-8}$$

式中，$\lambda$ 为信号波长。

因此只要知道信号的相位延迟，就可以根据式（6-8）求出信号的来向，这就是空间谱估计技术的基本原理。一般情况下，对于空间任意两个阵元而言，两阵元接收的波程差应为

$$\tau = \frac{1}{c}(x\cos\theta\cos\varphi + y\sin\theta\cos\varphi + z\sin\varphi) \tag{6-9}$$

从式（6-9）可知，只要知道空间阵元间的相位差，就可以估计入射信号的

方位角、俯仰角等信号参数。

对于空间阵列中按位置放置的一系列阵元，在窄带远场信号的假设下，任两阵元接收信号的时间差为

$$\tau_s = \frac{d\sin\theta}{c} = \frac{k\lambda\sin\theta}{c} = \frac{k\sin\theta}{f} \tag{6-10}$$

式中，$k=0.5$，表示阵元间距为半波长；$d$ 为阵元间距。

而时域处理中各采样点之间的时间差即为采样间隔$\tau_T = \frac{1}{f_s}$，其中，$f_s$为采样频率。由以上公式可以清楚地知道空时信号处理之间的区别，即空域处理的时间差与角度有关（阵元的位置相当于对空间的采样），而时域处理中的时间差则是一个常数。

另外需要注意的是：对于固定的角度，$\tau_s$是一个常量；而相当于时间为$\frac{f}{k\sin\theta}$的采样，采样数目等于阵元数。表 6-1 直接给出空域信号与时序信号之间的对应关系。

**表 6-1　空域信号与时序信号之间的对应关系**

| 项目 | 时序信号 | 空域信号 |
|---|---|---|
| 采样 | $X(n)$ | $x_n$ |
| 变元 | 时间采样 | 空间采样 |
| 谱 | 频谱 | 空间谱 |
| 系统函数 | 传递函数 | 方向图 |
| 滤波处理 | 对某些频率的信号加强或抑制 | 对某些方向的信号加强或抑制 |

在空间谱估计研究中，MUSIC（多重信号分类）算法是一种标志性的算法。MUSIC 算法的基本思想是将任意阵列输出数据的协方差矩阵进行特征分解，从而得到与信号分量相对应的信号子空间和与信号分量相正交的噪声子空间；然后利用这两个子空间的正交性来估计信号的参数（入射方向、极化信息和信号强度等）。下面给出 MUSIC 算法的计算步骤：

1）由阵列的接收数据得到数据协方差矩阵。

2）对协方差矩阵进行特征分解。

3）确定信号子空间和噪声子空间。

4）根据信号参数范围，进行谱峰搜索。

5）找出极大值点对应的角度就是信号入射方向。

**3. MUSIC 空间谱估计算法**

MUSIC 算法于 1979 年由 Ralph O Schmidt 提出的，该算法对空间谱估计乃

至阵列信号处理领域的发展起到了非常大的促进作用。

窄带信号入射角度分别为 $\theta_0$，$\theta_1$，…，$\theta_K$，则有

$$x(n)=\boldsymbol{AS}(n)+\boldsymbol{v}(n)$$

式中：$x(n)$是天线阵列的接收数据；$\boldsymbol{A}$ 是接收阵列的导向矢量；$\boldsymbol{S}(n)$为入射信号向量；$\boldsymbol{v}(n)$是接收阵列的噪声向量。对于均匀线阵，可以做如下的展开：

$$\begin{bmatrix} x_0(n) \\ x_l(n) \\ \vdots \\ x_{M-l}(n) \end{bmatrix} = \begin{bmatrix} 1 & 1 & \cdots & 1 \\ e^{-j\varphi_1} & e^{-j\varphi_2} & \cdots & e^{-j\varphi_K} \\ \vdots & \vdots & \vdots & \vdots \\ e^{-j(M-l)\varphi_1} & e^{-j(M-l)\varphi_2} & \cdots & e^{-j(M-l)\varphi_k} \end{bmatrix} \begin{bmatrix} S_0(n) \\ S_1(n) \\ \vdots \\ S_K(n) \end{bmatrix} + \begin{bmatrix} v_0(n) \\ v_1(n) \\ \vdots \\ v_{M-l}(n) \end{bmatrix} \tag{6-11}$$

设信号源互相独立，可得

$$E\{S_K(n)S^*{}_i(n)\}=\begin{cases} P_K, K=i \\ 0, K\neq i \end{cases} \tag{6-12}$$

$P_K$ 表示第 $K$ 个信号的功率，那么信号相关矩阵是一个对角阵，这里用 $R_s$ 表示：

$$R_s=E[S(n)S^H(n)]=\mathrm{diag}\{P_1,P_2,\cdots,P_K\} \tag{6-13}$$

阵列接收信号的相关矩阵可以由（6-14）表示：

$$R=E[X(n)X^H(n)]=A\,R_sA^H+\sigma^2 I \tag{6-14}$$

一般情况下，要求 $M>K$。Vandermonder（范得蒙特）矩阵 $\boldsymbol{A}$ 是一个列满秩矩阵；由式（6-12）可知，$\boldsymbol{A}^H$是行满秩矩阵，所以有 $\mathrm{rank}(A)=\mathrm{rank}(A^H)=K$；又由式（6-11）得，$\boldsymbol{R}_s$是 $K$ 满秩方阵；由矩阵变换的性质可以得到 $\boldsymbol{AR}_s$是一个满秩的矩阵。

$$\mathrm{rank}(\boldsymbol{AR}_s)=K \tag{6-15}$$

同理，$\boldsymbol{AR}_s\boldsymbol{A}^H$就是对矩阵 $\boldsymbol{A}^H$做满秩变换，矩阵秩没有变化，所以同样有

$$\mathrm{rank}(\boldsymbol{AR}_s\,\boldsymbol{A}^H)=K \tag{6-16}$$

因此可以得到，矩阵 $\boldsymbol{AR}_s\boldsymbol{A}^H$有 $K$ 个非 0 的特征值。将 $\boldsymbol{AR}_s\boldsymbol{A}^H$进行特征值分解，得到如 $\lambda_1$，$\lambda_2$，…，$\lambda_M$特征值；$u_1$，$u_2$，…，$u_M$ 是 $\boldsymbol{AR}_s\,\boldsymbol{A}^H$的特征向量。

如果将矩阵 $\boldsymbol{AR}_s\,\boldsymbol{A}^H$的所有非零的特征值设为 $\lambda_1$，$\lambda_2$，…，$\lambda_K\neq 0$；剩余的值为 0 的特征值设为 $\lambda_K+1$，$\lambda_K+2$，…，$\lambda_M=0$，则可以得

$$(\boldsymbol{AR}_s\boldsymbol{A}^H)u_i=\hat{\lambda}_i u_i,\quad i=1,2,\cdots,K \tag{6-17}$$

$$(\boldsymbol{AR}_s\boldsymbol{A}^H)u_i=\hat{\lambda}_i u_i,\quad i=K+1,K+2,\cdots,M \tag{6-18}$$

对上面两式子右乘 $u_i^H$，则有

$$(\boldsymbol{AR}_s\boldsymbol{A}^H)u_i\,u_i{}^H=\hat{\lambda}_i u_i\,u_i{}^H,\quad i=1,2,\cdots,M \tag{6-19}$$

将式（6-19）中的 $i$ 分别从 1 取到 $M$，于是有 $M$ 个不同的等式。将等式左右分别加起来，结果为

$$(\boldsymbol{AR}_{\mathrm{s}}\boldsymbol{A}^{\mathrm{H}})\sum_{i=1}^{M} u_i\, u_i^{\mathrm{H}} = \sum_{i=1}^{M} \hat{\lambda}_i u_i\, u_i^{\mathrm{H}} \tag{6-20}$$

由于特征向量 $\boldsymbol{u}_1$，$\boldsymbol{u}_2$，…，$\boldsymbol{u}_M$ 都是酉向量，于是有如下关系：

$$\sum_{i=1}^{M} u_i\, u_i^{\mathrm{H}} = I \tag{6-21}$$

将式（6-21）代入式（6-20）可得

$$AR_{\mathrm{s}}A^{\mathrm{H}} = \sum_{i=1}^{M} \hat{\lambda}_i u_i\, u_i^{\mathrm{H}} = \sum_{i=1}^{K} \hat{\lambda}_i u_i\, u_i^{\mathrm{H}} \tag{6-22}$$

所以，式（6-14）的自相关矩阵 $\boldsymbol{R}$ 可以表示成：

$$\boldsymbol{R} = \sum_{i=1}^{K} \hat{\lambda}_i u_i\, u_i^{\mathrm{H}} + \sigma_{\mathrm{v}}^2 \sum_{i=1}^{K} u_i\, u_i^{\mathrm{H}} = \sum_{i=1}^{K} (\hat{\lambda}_i + \sigma_{\mathrm{v}}^2) u_i\, u_i^{\mathrm{H}} + \sigma_{\mathrm{v}}{}^2 \sum_{i=K+1}^{M} u_i\, u_i^{\mathrm{H}} = \sum_{i=1}^{M} \hat{\lambda}_i u_i\, u_i^{\mathrm{H}} \tag{6-23}$$

式中，$\lambda_i = \hat{\lambda}_i + \sigma_{\mathrm{v}}^2, i = 1, 2, \cdots, K$；$\lambda_i = \sigma_{\mathrm{v}}^2, i = K+1, K+2, \cdots, M$。

自相关矩阵 $\boldsymbol{R}$ 有 $M$ 个特征值，但是仅仅有 $K$ 个是与信号相关的特征值。如果用 $\lambda_1$，$\lambda_2$，…，$\lambda_K$，剩下的 $M-K$ 特征值 $\lambda_{K+1}$，$\lambda_{K+2}$，…，$\lambda_M$ 仅与噪声相关和信号无关。鉴于此，提出了信号子空间（Signal Subspace）和噪声子空间（Noise Subspace）的概念。

1）信号子空间是由与信号相关的特征值 $\lambda_1$、$\lambda_2$、$\lambda_3$，…，$\lambda_K$ 对应的特征向量 $\boldsymbol{u}_1$、$\boldsymbol{u}_2$、…，$\boldsymbol{u}_K$ 所构成的空间。我们用符号 $E_{\mathrm{s}}$ 表示，$E_{\mathrm{s}} = \mathrm{span}\{u_1, u_2, \cdots, u_K\}$。

2）噪声子空间是由与噪声相关的特征值 $\lambda_{K+1}$、$\lambda_{K+2}$，…，$\lambda_M$ 对应的特征向量 $\boldsymbol{u}_{K+1}$，$\boldsymbol{u}_{K+2}$，…，$\boldsymbol{u}_M$ 所组成的空间，我们用符号 $E_{\mathrm{N}}$ 表示。

$$E_{\mathrm{N}} = \mathrm{span}\{u_{K+1}, u_{K+2}, \cdots, u_M\} \tag{6-24}$$

$E_{\mathrm{s}}$ 和信号、噪声都有关系；而 $E_{\mathrm{N}}$ 仅仅只与噪声有关。我们定义矩阵为

$$\boldsymbol{U} = [u_{K+1} \quad u_{K+2} \quad \cdots \quad u_M] \in \square^{M\times(M-K)} \tag{6-25}$$

由于 $\boldsymbol{A}$ 是列满秩矩阵，$\boldsymbol{R}_{\mathrm{s}}$ 是满秩矩阵，所以有

$$A^{\mathrm{H}}U = 0 \tag{6-26}$$

或可以表示为

$$U^{\mathrm{H}}A = U^{\mathrm{H}}[a(\theta_1)a(\theta_2)\cdots a(\theta_k)] = 0 \tag{6-27}$$

即

$$U^{\mathrm{H}}\boldsymbol{a}(\theta_k) = 0 \tag{6-28}$$

式中，$\boldsymbol{a}(\theta)$ 为阵列导向向量。

数据协方差矩阵的最大似然估计为

$$\hat{R}=\frac{1}{N}\sum_{n=1}^{N}x(n)x^{\mathrm{H}}(n) \tag{6-29}$$

在实际应用中，信号自相关矩阵 $\hat{\boldsymbol{R}}$，可以得到 MUSIC 谱估计表达式为

$$p_{\mathrm{music}}(\theta)=\frac{1}{a^{\mathrm{H}}(\theta)\hat{U}\hat{U}^{\mathrm{H}}a(\theta)},\theta\in\left(-\frac{\pi}{2},\frac{\pi}{2}\right) \tag{6-30}$$

式中，$\hat{U}$为 $\hat{R}$的噪声特征向量所张成的噪声子空间。理想状况下 MUSIC 谱函数去想中包含了 $k$ 个谱峰，其所在位置就对应信号入射的入射方向 $\theta_k$，$k=1$，2，…，$K$。

## 6.1.3 基于时延的声源定位方法（TDOA）

### 1. 基本原理

人对声源的定位主要用声音幅度这个物理量，而机器却可以精确地测量声音的相位。由于声波在空气中以一定速度传播，到达设置于不同位置的传声器的相位不同，根据这些传声器对同一声音采集时的相位差别，我们可以计算出同一声音到达每对传声器的时间差值（又叫时延值，图 6-4）。

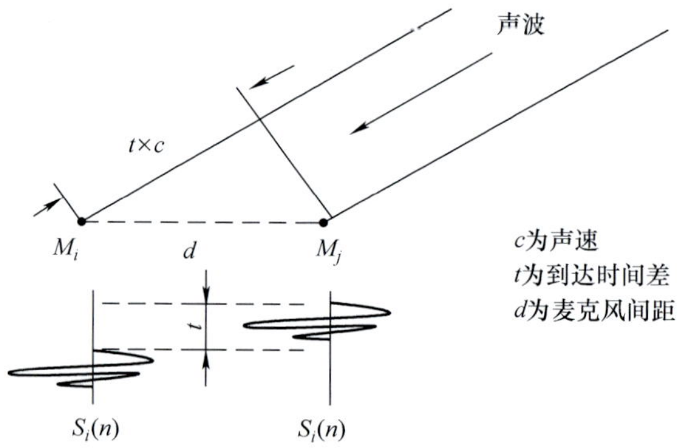


图 6-4　声音时延示意图

如果我们得到了某个声源发出的声音到达一对传声器的时延值，则这个声源就处于以这对传声器所处的位置为焦点；而到达时延所对应的声音传输距离为参数的双曲面上。使用多对传声器可得到多个时延值，也就得到了多个双曲面，而声源位置就处于这些双曲面的相交点。合适的安排传声器的位置，可以使得双曲面的交点只有一个，这点就是我们要的声源位置。

在三类声源定位方法中，基于时延估计的声源定位方法复杂度最低、实现最简单，且定位精度较高，便于实现实时的系统。考虑到定位的实时性、实现

的简易性和实际的需求，采用基于时延估计的声源定位方法。然而，该方法是先求取时延，再根据时延计算出声源的方位，所以在计算声源的方位时，所用的时延参数是过去时间。因此该方法求解出的声源位置在某种程度上是一个次最优的结果。此外，该方法很难适应于多声源的定位，因为多声源具有不同的空间位置；而且多声源之间的相互干扰都严重影响了时延估计的精确性。因此该方法往往应用于单声源的定位。另外，时延估计的准确性决定了声源定位的准确性，而时延估计的精度受到环境噪声和室内混响的影响。因此该方法需要一种抗噪性和抗混响性高的时延估计算法。

**2. 定位方法**

定位的方法主要分为两大类：一种是确定目标函数用的搜索方法；一种是几何定位法。本节首先讨论麦克风和声源的几何位置；然后介绍搜索的方法；最后根据麦克风的数量和几何位置分别讨论线性修正最小均方声源定位法（含球形插值法）和线性插值声源定位法。

（1）几何定位法　假设第 $i$ 对麦克分别对应矢量 $m_{i1}$ 和 $m_{i2}$，它们的连线为 $x$ 轴，中点的矢量为 $m_i$，声源到两个麦克间的时延差为 $\tau_i$，则声源 $S$ 应该满足矢量方程

$$\|r_s - m_{i1}\| - \|r_s - m_{i2}\| = \tau_i \cdot c \tag{6-31}$$

式中，$c$ 为声速。显然满足该方程的声源 $S$ 应该位于一个双曲面上。声源和麦克风的几何位置如图 6-5 所示。

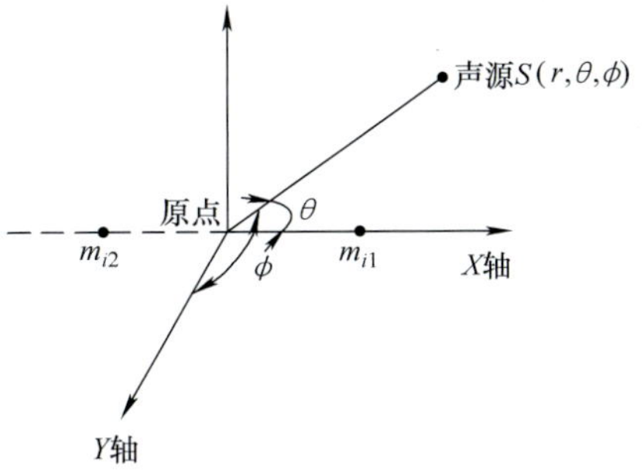

**图 6-5　声源与麦克风几何位置示意图**

以直角坐标的形式表示声源和麦克风位置：

$$r_s = (r\cos\theta, r\cos\varphi, r\sqrt{1-\cos^2\theta-\cos^2\varphi}) \tag{6-32}$$

$$m_{i1} = (|m_{i1}-m_{i2}|/2, 0, 0), m_{i2} = (-|m_{i1}-m_{i2}|/2, 0, 0) \tag{6-33}$$

将式（6-33）代入式（6-31），两边平方可得

$$\frac{\cos^2(\theta)}{(c\cdot\tau_i)^2} - \frac{\sin^2(\theta)}{|m_{i2}-m_{i1}|\cdot(c\cdot\tau_i)^2} = \frac{1}{4r^2} \tag{6-34}$$

当声源离麦克风比较远时（即 $r$ 变得很大时，$1/4r^2$ 趋近于零）。可以用锥面代替双曲面。该锥面的方向角可以由式（6-35）计算：

$$\theta = \cos^{-1}\left(\frac{\tau_i \cdot c}{|m_{i2}-m_{i1}|}\right) \tag{6-35}$$

该替换过程可以由图 6-6 所示。因此只要求得时延就能近似求得远场声源相对于两麦克风连线中点的方向角。

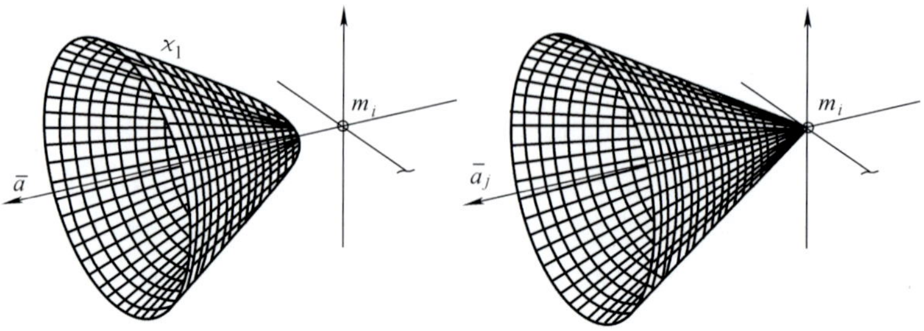


图 6-6　声源的双曲面和锥面近似图

（2）搜索定位法　给定 $N$ 组麦克风的 TDOA 组合（图 6-7），可以利用优化方法来估计真正的声源位置 $S$（图 6-8）。$S$ 应为可能声源位置的交叉点。然而当麦克风对多于两对时，这个交集往往是一个空集。基于此，一般通过最小化某种误差准则来确定声源位置。下面介绍 LS 误差准则。

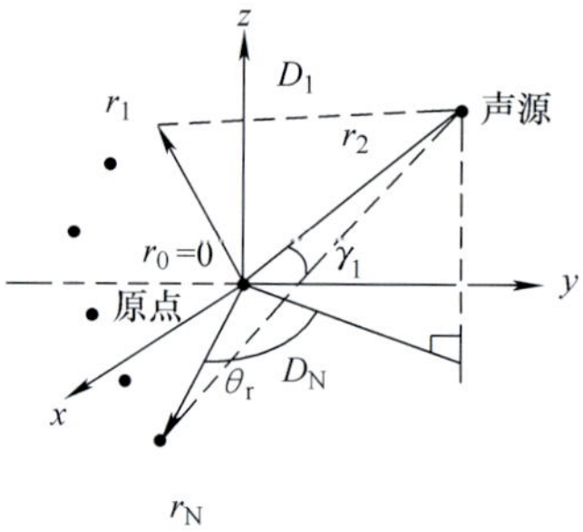


图 6-7　声源定位系统变量的空间分布

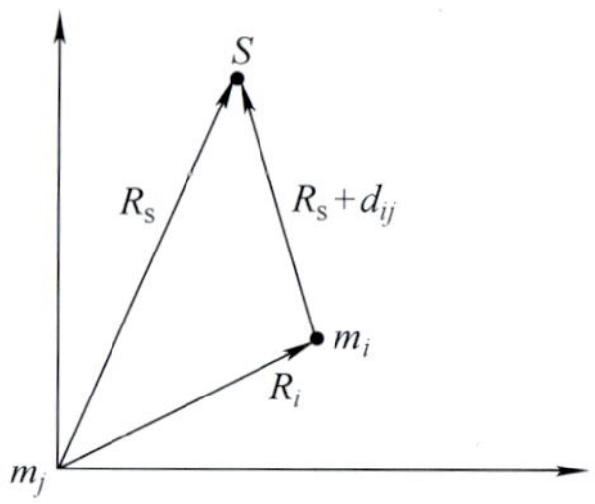


图 6-8　麦克风与声源几何关系

假定每对麦克风时延估计 $\tau_i$，受到零均值、方差为 $\mathrm{var}\{\tau_i\}$ 的加性高斯白噪声污染，那么最大似然位置估计应使得式（6-36）的（LS）误差准则最小，即

$$J_{\mathrm{TDOA}}(s)=\sum_{i=1}^{N}\frac{(\tau_i-T(\{m_{i1},m_{i2}\},S))^2}{\mathrm{var}\{\tau_i\}} \tag{6-36}$$

于是可得到估计的声源位置为

$$\hat{S}_{\mathrm{TDOA}}=\arg\min_s J_{\mathrm{TDOA}}(s) \tag{6-37}$$

1）球形插值法。球形插值法根据多个麦克风对的时延求得一组方程，并在满足最小均方误差准则下解这个方程组。下面给出详细的推导过程。

设麦克阵列由 $N+1$ 个位于 $r_i=(x_i,y_i,z_i)^{\mathrm{T}}(i=0,\cdots,N)$ 的麦克风组成。麦克风 0（$i=0$ 为参考麦克风，坐标原点 $r_0=(0,0,0)$，声源位于 $r_s=(x_s$,

$y_s$，$z_s$)$^{\mathrm{T}}$，各麦克风和声源到原点的距离分别定义为 $R_i$ 和 $R_s$。
其中

$$R_i = \|r_i\| = \sqrt{x_i^2 + y_i^2 + z_i^2}, \ i = 1, \ \cdots, \ N \tag{6-38}$$

$$R_s = \|r_s\| = \sqrt{x_s^2 + y_s^2 + z_s^2} \tag{6-39}$$

声源与麦克风 $i$ 的距离为

$$D_i = \|r_i - r_s\| = \sqrt{(x_i - x_s)^2 + (y_i - y_s)^2 + (z_i - z_s)^2} \tag{6-40}$$

麦克风 $i$ 与麦克风 $j$ 的距离差为

$$d_{ij} = D_i - D_j i, \ j = 0, \ \cdots, \ N \tag{6-41}$$

因为 $D_0 = R_s$，于是有

$$D_i = d_{i0} + R_s \tag{6-42}$$

将式（6-42）代入（6-40）两边平方得

$$(d_{i0} + R_s)^2 = D^2{}_i = (r_i - r_s)^{\mathrm{T}}(r_i - r_s) = R_i{}^2 - 2\, r_i{}^{\mathrm{T}} r_s + R_s{}^2 \tag{6-43}$$

将式（6-43）展开得

$$R_i{}^2 - d_{i0}{}^2 - 2R_s d_{i0} - 2\, r_i{}^{\mathrm{T}} r_s = 0 \tag{6-44}$$

$d_{i0}$是通过时延估计得到的，其与实际的 $i$ 号传感器到原点的距离有所偏差，因此式（6-44）需改写为

$$\in \ = R_i{}^2 - d_{i0}{}^2 - 2R_s d_{i0} - 2\, r_i{}^{\mathrm{T}} r_s \tag{6-45}$$

模型中共有 4 个传声器，将式（6-45）改写为矩阵形式：

$$\in \ = \delta - 2R_s d - 2r_s S \tag{6-46}$$

其中

$$\delta = \begin{bmatrix} R_1{}^2 - d_{10}{}^2 \\ R_2{}^2 - d_{20}{}^2 \\ R_3{}^2 - d_{30}{}^2 \end{bmatrix}, \ d = \begin{bmatrix} d_{10} \\ d_{20} \\ d_{30} \end{bmatrix}, \ S = \begin{bmatrix} x_1 & y_1 & z_1 \\ x_2 & y_2 & z_2 \\ x_3 & y_3 & z_3 \end{bmatrix}。$$

假设给定 $R_s$，当 $r_s = \dfrac{1}{2\,(S^{\mathrm{T}}S)^{-1}S^{\mathrm{T}}(\delta - 2R_s d)}$时式（6-45）的均方误差最小。接着将 $r_s$ 的值代入（6-45）反求出 $R_s$。最后将 $R_s$ 的值代入（6-46）即可求出线性均分最小的 $r_s$ 的估计值，得到精确的声源位置。

2）线性插值声源定位法。线性插值声源定位法利用 4 个麦克风定出 2 个方向角，由这 2 个方向角可以确定出一条方向线，而声源就应该在这条方向线上，基本麦克风摆放如图 6-9 所示。

实现线性插值法需要多组传声器阵列数据，将一组传声器进行移动可以代替多组传声器。一组传声器线性差值法求解原理及阵列布置如图 6-10、图 6-11

所示。

$m_{j1}/m_{j2}/m_{j3}/m_{j4}$ 分别是四个垂直且连线平分摆放的传声器，原点为 $m_j$。$d_{m_{j1}m_{j2}}$ 是声源到传声器 $m_{j1}$、$m_{j2}$ 的距离差（即时延与声速之积），$D_{m_{j1}m_{j2}}$ 是传声器 $m_{j1}$、$m_{j2}$ 间的距离。

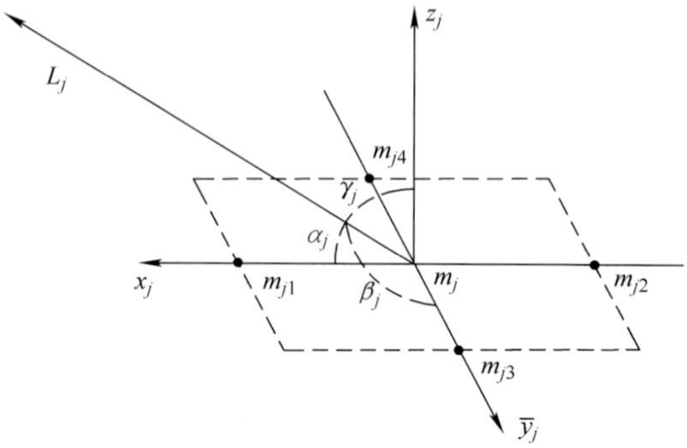


**图 6-9　线性插值法的麦克风摆放结构**

由空间解析几何可知，声源在角 $\alpha_j$、$\beta_j$ 确定的唯一一条直线上，而多组传声器阵列所确定的直线交点就是声源的位置，这是定位的理论模型。但在实际情况中，时延值必然会引入误差，这将导致直线不能相交于一点。我们认为若有两条这样不相交的方向线 $l_i$、$l_j$，可在两条线上分别找到两个点，并使两点之间的距离最短，这两点记为 $S_{ij}$、$S_{ji}$。根据时延估计的方差可设 $S_{ij}$、$S_{ji}$ 的权值为 $\omega_{ij}$、$\omega_{ji}$，通过线性插值公式可求出此时声源坐标：

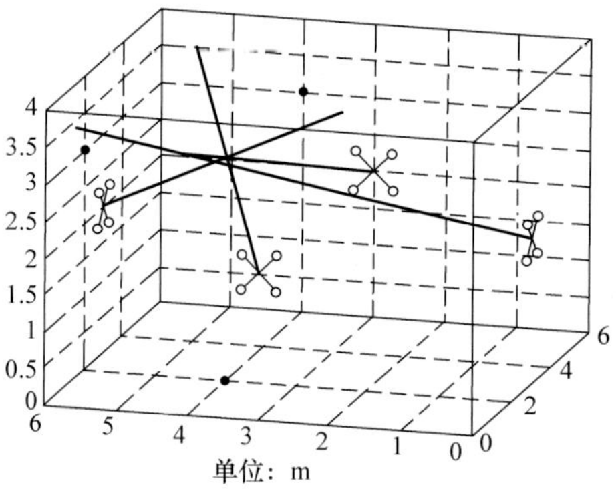


**图 6-10　线性插值法求解原理图**

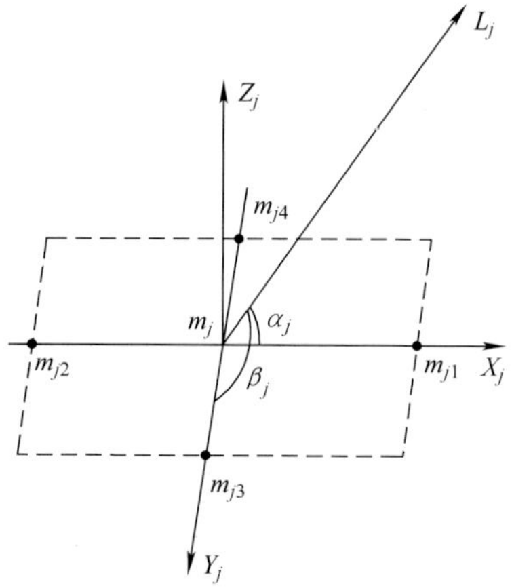


**图 6-11　线性插值法单组阵列布置图**

$$\cos\alpha_j = \frac{d_{m_{j1}m_{j2}}}{D_{m_{j1}m_{j2}}} \cos\beta_j = \frac{d_{m_{j3}m_{j4}}}{D_{m_{j3}m_{j4}}} \tag{6-47}$$

$$S = \frac{\sum_{j=1}^{M}\sum_{k=1}^{M} \omega_{jk} S_{jk}}{\sum_{j=1}^{M}\sum_{k=1,k\neq j}^{M} \omega_{jk}} \tag{6-48}$$

### 6.1.4　不同定位方法比较

| 方案类别 | 基本思想 | 优缺点 |
|---|---|---|
| 基于高分辨率谱估计的定位方法 | 需要先对信号的协方差矩阵进行特征值分解，进而获得信号子空间和噪声子空间；通过定义方向矢量和空间谱，使得空间谱达到最大，进而确定声源的 DOA | 可以进行多源定位；<br>需要对整个空间进行搜索来确定声源的方向。在加性的白噪声条件下，空间划分得越细，DOA 估计的精度越高。所以这是一种高分辨率的定位方法。但该方法不能抵制环境反射和混响的影响，且信号的相干性会严重影响算法的性能 |
| 基于最大输出功率的可控波束形成方法 | 基本思想是通过不同算法对各阵元进行加权处理，以达到增强期望信号、抑制干扰信号，从而对期望信号波达方向进行估计 | 可以进行多源定位；<br>波束形成技术具有灵活的波束控制，在中高频有较高的分辨率，且适合远距离测量的优点。但也存在旁瓣干扰、频率失真、所测声源必须位于阵列某一侧的问题 |
| 基于时延的声源定位方法 | 估计出信号在不同阵元处的 TDOA，进而再通过双曲线方程进行定位 | 不能进行多源定位；<br>系统接收到的信号是各麦克风的采样，此时 TDOA 是由采样周期来衡量的。故最终的定位精度也会受到采样频率的限制 |

## 6.2　基于时间延迟的定位方法

### 6.2.1　传感器阵列模型

传声器阵列引入了声源的位置信息。同一声音到达不同位置传声器的时间（相位）不同，可结合传声器之间的几何位置，在理论上可以解出声源坐标。但实际应用中存在很多影响因素，定位的误差往往很大。

阵列中传声器的位置决定了其特点。以下是目前应用较广的阵列形式（图 6-12～图 6-16），$S_i$ 表示传声器，$P$ 表示声源。以四面体阵列为代表的空间阵列相较于平面阵列的最大优势在于无定位盲区，且不仅能对声源实现方位估计，更能实现精确到坐标点的位置估计。四面体阵有正四面体阵、直角四面体阵、不规则四面体阵三种。从便于安装、设置传感器及定位算法复杂度考虑，建议选择直角四面体阵列。

关于阵列的尺寸，阵元间距的确定一般从以下两个方面来考虑：①声源信号的频率；②系统选择的采样频率。1924 年，奈奎斯特就提出当采样频率大于信号中最高频率的 2 倍时，采样之后的数字信号会完整的保留原始信号的信息。因此最小阵元间距应该满足如下的要求：相邻阵元之间的最小距离应该小于或等于一半的信号波长。

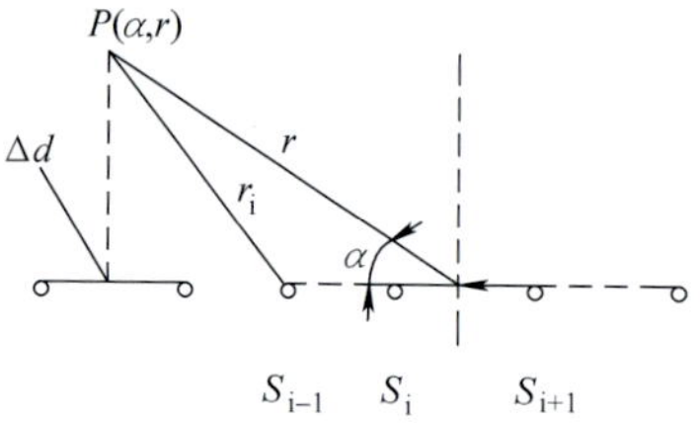


图 6-12　直线形阵列

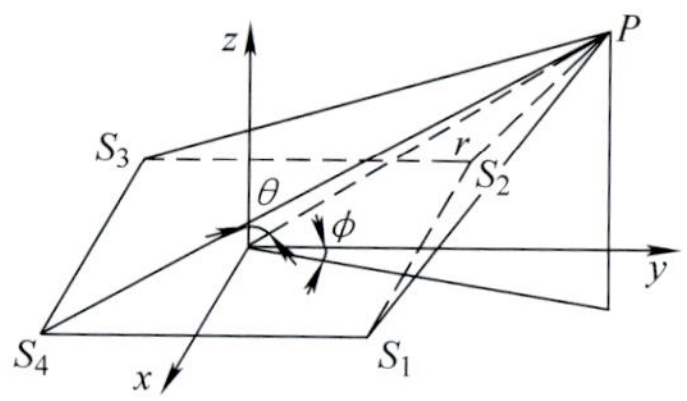


图 6-13　矩形阵列

不论采用何种阵列形式和定位算法，都需要多个传声器对同一段声音进行精确采样。这要求对声音进行同步采集，也就是要使用同一个采样脉冲序列对多个传声器拾取的声音信号进行量化。根据理论推算，各路声音采集的同步误差要限制在几个纳秒范围内，才不至于太影响定位结果。定位算法对声源定位系统中声音数据的采集提出了特殊的要求，而建立实用的声源定位系统的关键是要使得数据采集能满足算法要求

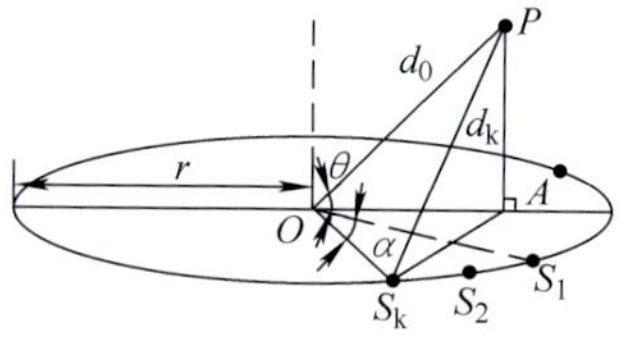


图 6-14　圆形阵列

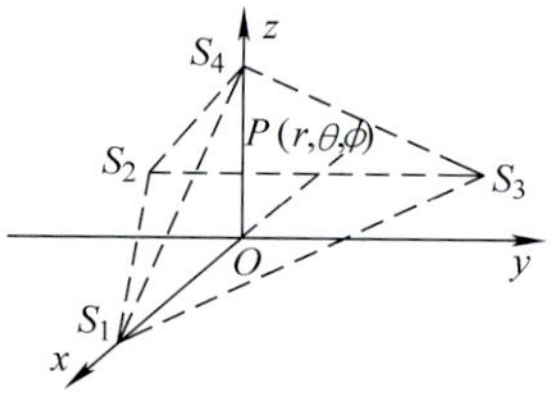


图 6-15　四面体阵列

## 6.2.2　时间延迟估计方法

时间延迟，简称时延，是指声源信号到达麦克风阵列中不同阵元的距离差而引起的传播时间差。根据语音信号处理的理论和方法，利用时延可以估计出声源的方位角和空间位置等相关参数。

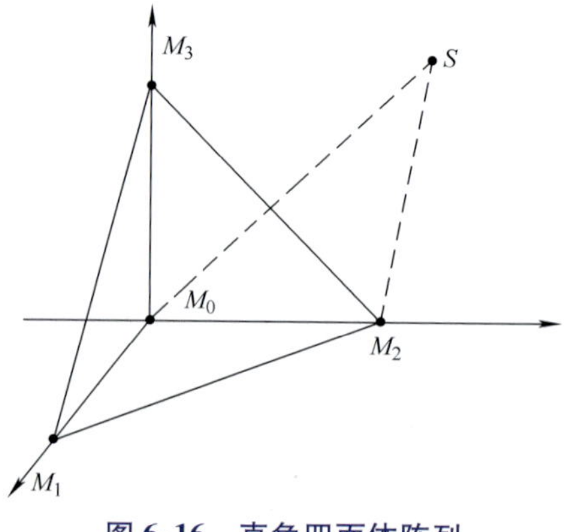


图 6-16　直角四面体阵列

时延估计根据目标声源和检测系统的不同，可以分为以下两种。

（1）主动时间延迟估计　最常见的

主动时延估计系统的应用包括雷达和声纳等，主动时延估计系统可通过主动发出探测信号来搜寻被测目标。当声波遇到被测目标后就会反射回到主动时延估计系统，然后该系统可以根据信号发出和探测目标后信号返回的时间差，结合时间差和麦克风阵列的几何模型就可以计算出目标声源信号的方位角等信息。

（2）被动时间延迟估计　被动时间延迟估计系统，顾名思义，是指被动的通过麦克风等传感器接收目标声源信号，而不需要主动发出电磁波或声波去探测目标。然后再根据发出的时间和返回的时间计算出时间延迟。在本书所提及的时延均为典型的被动时间延迟估计。

近些年来，随着人们对基于时延的声源定位算法的关注和研究，很多优秀的时延估计算法被研究出来了。其中，用得比较多的有传统互相关函数（NCC）、广义互相关函数（GCC）、自适应时延估计算法（LMS）等。优秀的时延估计算法应具有复杂度低、鲁棒性强和实时性高等特点。

**1. 互相关算法求时延**

常用的测量两个突发型声发射波之间时差的技术不适用于连续型声发射源，而互相关技术既适用于断续波之间的时差或时间延迟测量，也适用于连续波之间的时差，或时间延迟测量任意一个波 $A(t)$ 和另一个延迟时间为 $\tau$ 的波 $B(t+\tau)$ 之间的互相关函数（CCF）（图6-17），由式（6-49）给出：

$$R_{AB}(\tau) = \frac{1}{T}\int_0^T A(t)B(t+\tau)\mathrm{d}t \tag{6-49}$$

式中，$T$ 为一个有限的时间间隔。

从式（6-49）可见，如果 $\tau$ 是变化的，则互相关函数是 $\tau$ 的函数。$R_{AB}(\tau)$ 的特性可以通过将 $A(t)$ 和 $B(t)$ 分为 $n$ 个小的相等时间段的积来观察。令 $t=t_i$，$A(t)=a_i$，$B(t)=b_i$，$i=0, 1, 2, \cdots, n$。如果 $B(t)$ 相对于 $A(t)$ 有一时间延迟 $\tau'$，则

$$\begin{cases} R_{AB}(\tau_j) = \sum\limits_{i=0}^{n} a_{i+j}\, b_j, j = 0,1,2,\cdots,n \\ R_{AB}(\tau_j) = \sum\limits_{i=0}^{n} a_i\, b_{i-j}, j = -1, -2,\cdots, -n \\ R_{AB}(\tau_j) = \sum\limits_{i=0}^{n} a_i\, b_i j = 0 \end{cases} \tag{6-50}$$

方程组（6-50）中 $a_{i+j}$ 和 $b_{i-j}$ 中下标随 $R_{AB}(\tau_j)$ 中 $\tau_j$ 的变化而变化。

互相关函数是在有限时间范围内的积分。在实际应用中，数据采样仅利用了每个波的有限部分，而在被利用部分之外的波幅为零，即如果 $i>n$，$a_i=b_i=0$；如果 $j>0$ 且 $i+j>n$，则 $a_{i+j}=0$；如果 $j<0$ 且 $i-j>n$，则 $b_{i-j}=0$。因此，当

$j$ 增加时，$i+j$ 增加，方程组（6-50）中的某些求和项将为零。随着 $j$ 的增加，求和项数将越来越少，$R_{AB}(\tau_j)$的幅值逐渐下降。最终，当 $j>n$，所有$a_{i+j}$和$b_{i-j}$项为零，$R_{AB}(\tau_j)$。当 $\tau_j=\tau'$时，由于 $A$ 和 $B$ 为同相位，则 $R_{AB}(\tau_j)$达到最大值。因此，从 $R_{AB}(\tau_j)$的最大峰值部位可以获得 $B(t)$ 相对于 $A(t)$ 的时差或时间延迟 $\tau'$。

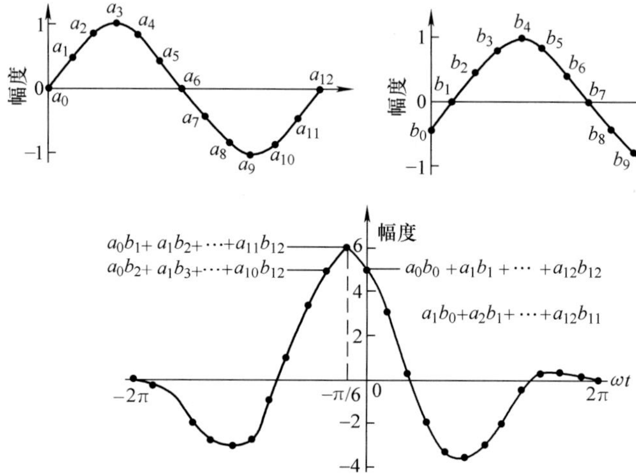


图 6-17　互相关函数求解示意图

对于任意一函数 $A(t)$和时间延迟为 $\tau'$的函数 $B(t)$，两个函数 $A(t)$和 $B(t+\tau')$在有限时间间隔内的互相关函数 $R_{AB}(\tau_j)$在$\tau=\tau'$时肯定包含一个最大值，这一互相关方法可用于连续型声发射源的定位。通常可以应用双通道快速傅里叶（FFT）变换分析来实现互相关函数分析。从频域 $v$ 中互相关谱$G_{AB}(v)$的逆傅里叶变换可以得到时域 $\tau$ 中的互相关函数 $R_{AB}(\tau)$

$$R_{AB}(\tau)=\frac{1}{T}\int_{-\infty}^{+\infty}G_{AB}(v)\exp(i2\pi v\tau)\,\mathrm{d}v \qquad (6\text{-}51)$$

式中，$G_{AB}(v)$为 $A(t)$和 $B(t+\tau)$的傅里叶变换。

**2. 广义互相关函数法**

在试验中由于噪声与混响的存在会使得互相关函数峰值不明显或存在多个峰值。为了锐化峰值，可以先对信号进行滤波处理，这等效于在频域的加权处理，有利于加强接收信号中源信号的谱分量，提高信噪比，从而获得更高的时延估计精度（图 6-18）。

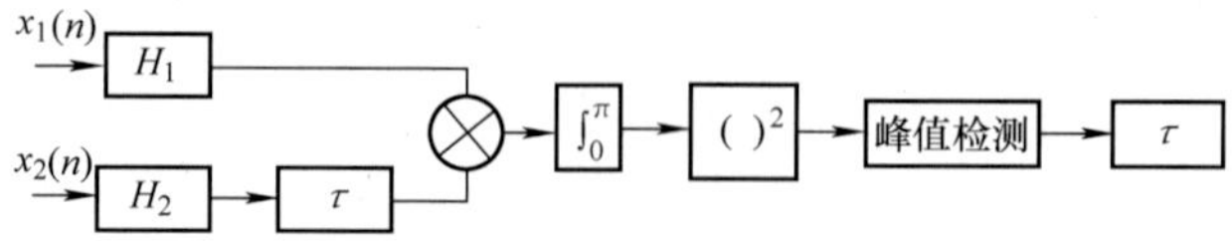


图 6-18　广义互相关函数解算流程

$H_1$、$H_2$ 为滤波函数，则 $x_1(n)$、$x_2(n)$ 经滤波后的互功率谱函数为

$$G_{12}(\omega)' = H_1 H_2^* G_{12}(\omega) \tag{6-52}$$

$H_2^*$ 为 $H_2$ 的共轭函数。此时经滤波处理后的 $x_1(n)$、$x_2(n)$ 信号的广义互相关函数可以表示为

$$R_{12}^{g}(\tau) = \int_0^{\pi} H_1 H_2^* G_{12}(\omega) e^{-j\omega\tau} d\omega = \int_0^{\pi} \varphi_g(\omega) G_{12}(\omega) e^{-j\omega\tau} d\omega \tag{6-53}$$

式中，$\varphi_g(\omega)$ 为广义互相关加权函数，等效于给信号一个滤波效果。

广义互相关法通过求两信号之间的互功率谱，并在频域内给予一定的加权，来对信号和噪声进行白化处理；增强信号中信噪比较高的频率成分，从而抑制噪声的影响；再反变换到时域，得到两信号之间的广义互相关（GCC）函数。

常用的加权函数有 CC、Roth、SCOT、PHAT 四种，它们的定义与特性列于下表。加权函数要考虑不同的噪声与混响情况有针对性地选取使 $R_{12}^{g}(\tau)$ 的峰值得到锐化，也是实现准确时延估计的一个难点。

**表 6-2　几种常见的加权函数**

| 加权函数名称 | 函数特点 |
| --- | --- |
| CC | 对外界噪声敏感，信噪比低时效果下降 |
| Roth | 相当于维纳滤波，可以有效抑制高噪声频带，但是会展宽互相关函数峰值 |
| SCOT | 和 Roth 通道相比，SCOT 综合考虑两个通道的影响，但是会展宽互相关函数峰值 |
| PHAT | 相当于白化滤波，能够抑制噪声干扰锐化互相关函数主峰，从而提高时延估计精度。但是当信号能量较小时误差较大 |

### 3. 自适应时延估计法

首先需了解自适应滤波器的原理。自适应滤波器是一种不需要事先了解输入信号的特性，在工作过程中能自动调节本身参数的“智能”滤波器。LMS 自适应时延估计（Least - Mean - Square Time Delay Estimate）则是自适应滤波器的应用。实质上是在接收信号前加一时延，通过调整时延，使得信号经过 LMS 算法后与理想信号达到最大相关，起到自适应信道均衡的作用。其原理图如图 6-19所示。

通过模拟两路信号，一路是另一路的回波，并且有 700 点的时延（图 6-20）。为了考验该时延估计的性能，将两路信号的噪声的均值和方差都设计得不一样。进行滤波器的权重更新时，采用梯度法进行 LMS 的实现。当迭代次数较大时，即 $h\ m\ (n)$ 稳定时，可以通过观察 $h\ m\ (n)$ 的最大的 $m$ 值来确定时延。根据时延滤波器的形状，取到最大值的时候就是延迟的点数。

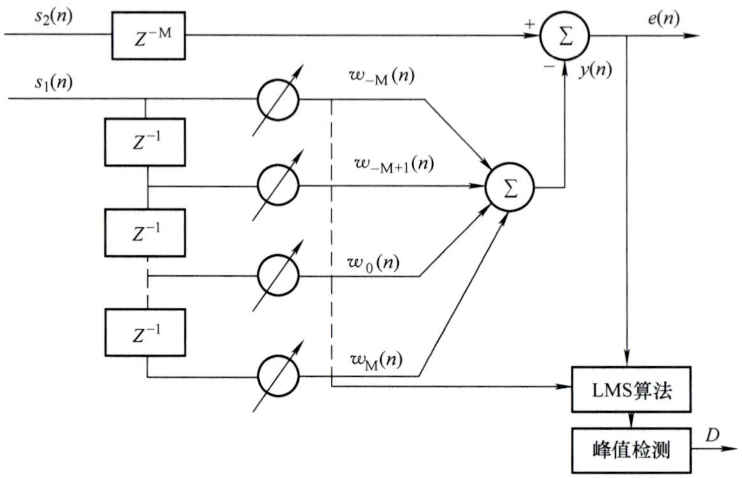


图 6-19　自适应滤波器原理图

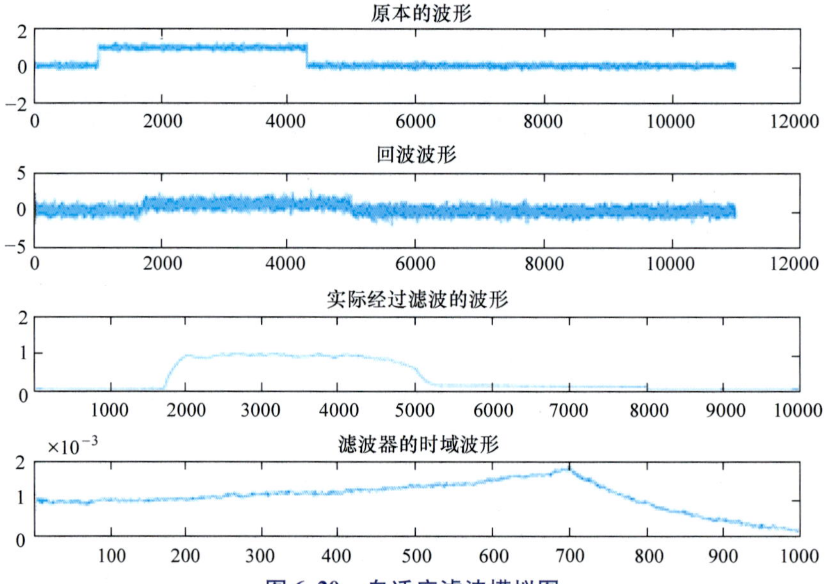


图 6-20　自适应滤波模拟图

### 6.2.3　定位方程解算方法

基于时延的定位算法在 6.1.3 已详细说明，本节不再赘述。下面介绍定位方程的解算方法。

对于不同的定位体制，所采用的定位观测方程不同，但是所用的目标位置解算方法，或称为定位算法的基本思路是相同或近似的。由于在不同的定位方法中，目标位置参数与定位观测参数之间基本是非线性关系，因而如何根据定位观测方程进行目标解算是无源定位技术研究的难点和重点内容之一。因此无源定位算法其实是在目标位置解算的近似与求解难度之间的折中。但是通过分析不同定位体制下的不同定位算法，不外乎有两种：一是迭代目标位置求解法，二是直接目标位置求解法。其中迭代法直接对观测方程进行级数展开，利用迭代公式进行求解，而直接求解法通常也是对观测方程进行一定的近似处理，使得目标位置参数与测量参数呈线性关系，最终利用线性均方估计和最小二乘估计等方法进行求解。

**梯度下降法**

Foy 提出了一种基于简单的泰勒级数展开方法（也称作高斯或者高斯牛顿插值法）的定位算法，其中对目标定位坐标的求解方法进行了全面介绍，而且包含了许多解决定位估计问题的典型方法。由于梯度下降法是当前无源定位中运用最为普遍、计算最准确的一种方法，因此在这里首先进行简单的介绍。

由于定位方程中用于描述观测站和目标之间几何关系的表达式通常都是非线性的，如果将这些非线性表达式展开为泰勒级数，并保留其中的线性部分，就可以使用 Newton – Raphson 梯度下降算法法来迭代求解。其中首先假设一个初始解；然后进行迭代估计，直至求得一个满足一定准则的估计解。在每次迭代计算中，根据局部线性误差的平方和最小来加入一个修正因子。

如果令 $x_T=[x_T,y_T]^T$表示目标辐射源位置的真实值，$x_k=[x_k,y_{kT}]^T(k=1,2,\cdots,N)$，表示 $N$ 个定位传感器的真实位置。$m_{ki}$表示第 $k$ 个传感器的第 $i$ 次测量，这里的测量值并不局限于方位线、距离和其他某一种参数，而是任何可用于定位的测量数据。因此

$$f_i(x_T,x_T,x_T,x_T)=u_i=m_{ki}+\varepsilon_i \quad k=1,2\cdots,N \tag{6-54}$$

式中：$m_{ki}$表示被测量参数的真实值；$\varepsilon_i$ 表示测量误差。

定位算法的目标是在给定测量值和传感器方位的条件下确定目标方位$[x_T,y_T]^T$。假定各测量值中测量误差 $\varepsilon_i$ 独立同分布，它们的均值为0，即 $E\{\varepsilon_i\}=0$，其中 $E\{.\}$表示统计期望。而误差的协方差矩阵用式（6-55）表示：

$$\boldsymbol{R}=[r_{ij}]_{N\times N} \tag{6-55}$$

式中，$r_{ij}=E\{\varepsilon_i\varepsilon_j\}$。

如果用$[\hat{x}_T,\hat{y}_T]^T$表示真实位置的$[x_T,y_T]^T$的估计，则

$$x_T=\hat{x}_T+\delta_x \tag{6-56}$$

$$y_T=\hat{y}_T+\delta_y \tag{6-57}$$

式中，$\delta_x$、$\delta_y$分别表示两坐标值的估计误差。

利用高等代数可得，$f_i(x)$ 在 $a$ 点的泰勒级数展开式为

$$f(x)=f(a)+(x-a)f'(a)+\frac{(x-a)^2}{2!}f''(a)+\cdots+\frac{(x-a)^n}{n!}f^n(a)+\cdots \tag{6-58}$$

式中，$f^n(a)$表示$f(x)$在 $a$ 点的 $n$ 阶导数。

在二维空间中，式（6-58）变为

$$f(a+h,b+k)=f(a,b)+\left(h\frac{\partial}{\partial x}+k\frac{\partial}{\partial y}\right)f(x,y)\bigg|_{\substack{x=a\\y=b}}+\cdots+\frac{1}{n!}\left(h\frac{\partial}{\partial x}+k\frac{\partial}{\partial y}\right)^n f(x,y)\bigg|_{\substack{x=a\\y=b}}+\cdots \tag{6-59}$$

式中，竖线及后面的下标表示在微分后 $x$ 用 $a$ 来代替，$y$ 用 $b$ 来代替，而且

$$\left(h\frac{\partial}{\partial x}+k\frac{\partial}{\partial y}\right)f(x,y)=h\frac{\partial f(x,y)}{\partial x}+k\frac{\partial f(x,y)}{\partial y} \tag{6-60}$$

$$\left(h\frac{\partial}{\partial x}+k\frac{\partial}{\partial y}\right)^2 f(x,y)=h^2\frac{\partial^2 f(x,y)}{\partial x^2}+2hk\frac{\partial^2 f(x,y)}{\partial x\partial y}+k^2\frac{\partial^2 f(x,y)}{\partial y^2} \tag{6-61}$$

对于当前的问题来说，经二维泰勒展开并去掉所有非线性分量后，可得

$$\hat{f}_i+\frac{\partial f_i(.)}{\partial x}\bigg|_{\substack{x=\hat{x}_T\\y=\hat{y}_T}}\delta_x+\frac{\partial f_i(.)}{\partial y}\bigg|_{\substack{x=a\\y=b}}\delta_y\approx m_{ki}+\varepsilon_i \tag{6-62}$$

其中

$$\hat{f}_i=f_i\ (\hat{x}_T,\ \hat{y}_T,\ x_k,\ y_k) \tag{6-63}$$

为了便于处理，将上述运算改写为矩阵的形式，为此首先做矩阵定义，即

$$\boldsymbol{A}=\begin{bmatrix}a_{11}&a_{12}\\a_{21}&a_{22}\\\vdots&\vdots\\a_{N_s1}&a_{N_s2}\end{bmatrix}=\begin{bmatrix}\dfrac{\partial f_1(\cdot)}{\partial x}\bigg|_{\substack{x=\hat{x}_T\\y=\hat{y}_T}}&\dfrac{\partial f_1(\cdot)}{\partial y}\bigg|_{\substack{x=\hat{x}_T\\y=\hat{y}_T}}\\\dfrac{\partial f_2(\cdot)}{\partial x}\bigg|_{\substack{x=\hat{x}_T\\y=\hat{y}_T}}&\dfrac{\partial f_2(\cdot)}{\partial y}\bigg|_{\substack{x=\hat{x}_T\\y=\hat{y}_T}}\\\vdots&\vdots\\\dfrac{\partial f_{N_s}(\cdot)}{\partial x}\bigg|_{\substack{x=\hat{x}_T\\y=\hat{y}_T}}&\dfrac{\partial f_{N_s}(\cdot)}{\partial y}\bigg|_{\substack{x=\hat{x}_T\\y=\hat{y}_T}}\end{bmatrix} \tag{6-64}$$

$$\delta=\begin{bmatrix}\delta_x\\\delta_y\end{bmatrix} \tag{6-65}$$

$$z=\begin{bmatrix}m_{k1}-\hat{f}_1\\m_{k2}-\hat{f}_2\\\vdots\\m_{kN_s}-\hat{f}_{N_s}\end{bmatrix} \tag{6-66}$$

$$e=\begin{bmatrix}\varepsilon_1\\\varepsilon_1\\\vdots\\\varepsilon_{N_s}\end{bmatrix} \tag{6-67}$$

于是，式（6-63）可写为

$$A\delta \approx z + e \tag{6-68}$$

根据协方差矩阵进行加权处理，即加权最小二乘算法，使误差平方和最小的 $\delta$ 为

$$\hat{\delta} = [A^{\mathrm{T}}\boldsymbol{R}^{-1}A]^{-1}A^{\mathrm{T}}R^{-1}z \tag{6-69}$$

式中，$\boldsymbol{R}$ 为一个考虑了一个或几个参数影响的加权矩阵，$\boldsymbol{R}$ 可以任意的选取，但必须满足正定满秩，以确保 $\boldsymbol{R}^{-1}$ 的存在。因此，在一次迭代中，$\hat{\delta}$ 可根据式(6-69)进行计算，之后利用式（6-68）进行计算，根据

$$\begin{cases} \hat{x}_{\text{new}} \leftarrow \hat{x}_{\text{old}} + \hat{\delta}_x \\ \hat{y}_{\text{new}} \leftarrow \hat{y}_{\text{old}} + \hat{\delta}_y \end{cases} \tag{6-70}$$

得到新的估计值，重复迭代直至相邻两次迭代中（$\hat{x}_{\mathrm{T}}$，$\hat{y}_{\mathrm{T}}$）的变化达到充分小 $\hat{\delta} \approx 0$ 为止。

相应位置估计的误差协方差矩阵为

$$\boldsymbol{Q}_0 = [A^{\mathrm{T}}\boldsymbol{R}^{-1}A]^{-1} \tag{6-71}$$

对于噪声协方差矩阵 $\boldsymbol{R} = \sigma^2 I$ 的特殊情况，即噪声项 $\varepsilon_i$ 相互独立，且具有相同的方差，则定位过程的修正矢量为

$$\hat{\boldsymbol{\delta}} = [A^{\mathrm{T}}A]^{-1}A^{\mathrm{T}}z \tag{6-72}$$

式中，矩阵 $[A^{\mathrm{T}}A]^{-1}$ 对布站的几何关系比较敏感。例如：当 $n = 1$ 时，所有测量量都是相同类型的，且出自同一观测站。故有 $\det(A^{\mathrm{T}}A) = 0$，且 $[A^{\mathrm{T}}A]^{-1}$ 不存在，则无解。

然而对于所有情况，最后的协方差矩阵都给出了最终位置估计的统计特性。因此可将该协方差矩阵改写为

$$\boldsymbol{Q}_0 = \begin{bmatrix} \sigma^2{}_x & \sigma_{xy} \\ \sigma_{xy} & \sigma^2{}_y \end{bmatrix} \tag{6-73}$$

如果假设误差服从正态分布，那么误差区域就是一个椭圆，称为概率误差椭圆。该椭圆的半长轴 $a$ 和半短轴 $b$ 分别可由式（6-74）确定：

$$\begin{cases} a^2 = 2\dfrac{\sigma^2{}_x\sigma^2{}_y - \rho^2{}_{xy}}{\sigma^2{}_x + \sigma^2{}_y - (\sigma^2{}_x - \sigma^2{}_y + 4\rho^2{}_{xy})^{1/2}}C^2 \\ b^2 = 2\dfrac{\sigma^2{}_x\sigma^2{}_y - \rho^2{}_{xy}}{\sigma^2{}_x + \sigma^2{}_y + (\sigma^2{}_x - \sigma^2{}_y + 4\rho^2{}_{xy})^{1/2}}C^2 \end{cases} \tag{6-74}$$

式中，$C = -2\ln(1 - P_{\mathrm{e}})$，$P_{\mathrm{e}}$ 表示目标位于该误差椭圆中的置信水平。其中，半长轴相对于 $x$ 轴的倾角 $\theta$ 由式（6-75）给出

$$\theta = \frac{1}{2}\arctan\frac{2\rho_{xy}}{\sigma^2_y - \sigma^2_x} \tag{6-75}$$

椭圆误差圆（CEP）在概念上与概率误差椭圆（EEP）相似。它是一个以求得的目标坐标为中心的圆形区域，目标以指定的概率落在圆内，即

$$CEP \approx 0.75\sqrt{a^2 + b^2} \tag{6-76}$$

椭圆误差圆采用这种办法求得的圆半径误差在 10% 以内。

## 6.3 互相关函数求取时延的研究

### 1. 信号周期性的影响

用 MATLAB 软件生成两个周期函数 $x_1(t)$、$x_2(t)$，用于模拟两个传感器接收到的信号。利用互相关算法对两路信号进行相关分析，研究互相关求时延时的参数设置与限制条件。

令 $x_1 = a_1\cos(2p_i \times 10n/F_s), x_2 = a_2\cos(2p_i \times 10(n+d)/F_s)$

式中：$a_1$、$a_2$ 为振动幅值，分别取 10、5；$d$ 为时延点数（即 $\tau/F_s$），取 2；$F_s$ 为采样频率，取 500。

为了模拟环境噪声的影响，调用 MATLAB 中的 randn（）函数对信号添加高斯白噪声。运行程序得到结果：$d=2$，Delay = 0.004。图 6-21 可以看出，通过互相关函数的求解 $d=2$，Delay = 0.0040，这和我们给出的信号的时延 $d/F_s$ = 0.0040 是一致的。这表明互相关函数可以给出信号的时延估计。

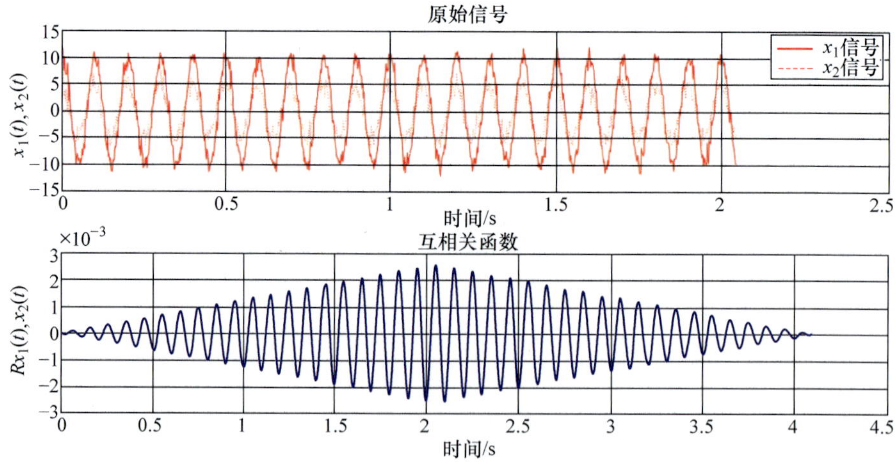


图 6-21　互相关函数求时延模拟图

改变两路信号延迟程度 $d$，研究周期信号是否存在互相关峰值重叠问题。

**表 6-3　互相关算法模拟结果**

| $d$ 实际取值 | 2 | 8 | 10 | 20 | 50 | 60 | 70 | 100 |
|---|---|---|---|---|---|---|---|---|
| $d$ 计算值 | 2 | 8 | 10 | 20 | 0 | 10 | 20 | 0 |
| 是否准确 | 准确 | 准确 | 准确 | 准确 | 不准确 | 不准确 | 不准确 | 不准确 |

数据（表 6-3）与图像表明，在 $d<50$ 时，互相关函数峰值明显，时延点数 $d$ 计算准确。当 $d \geqslant 50$ 时，互相关函数峰值仍然明显。但时延点数 $d$ 计算不准且出现重复现象，如 $d=50$、$d=100$ 时的计算值与 $d=0$ 相等；$d=60$ 时的计算值与 $d=10$ 相等；$d=70$ 时的计算值与 $d=20$ 相等。这说明，当两路周期信号间的时间差过大时，互相关算法对其进行时延估计将出现相关峰重叠即失效问题，计算出的时延值将呈周期性变化。而此模拟中信号 $x_1(t)$、$x_2(t)$ 一个周期包含的数据点就是 50 个。故可得出结论：互相关算法只有对延迟时间小于一个信号周期的两路信号进行时延估计才是准确的。否则将出现互相关峰重叠问题。

若信号是非周期信号，则不受上述约束。用 MATLAB 导入一段音乐音频作为一路输入。人为地将原音频延迟 $D$ 个采样点，并作为第二路输入信号，如图 6-22 所示。

模拟结果显示，即使延迟值 $D$ 变化，互相关算法也可以正确地求解出 $D$ 的数值。这表明非周期信号进行时延估计时不受周期的约束。

**2. 信号长度的影响**

用数据采集系统中的四面体阵列传感器采集 0.8s 声音信号进行分析，绘出信号时域图如图 6-23 所示，从图中可看出四个通道信号间具有一定的延迟与幅值变化。

接着分析信号频谱组成，图 6-24 频谱图显示信号主要包含 6000～7500Hz 频率段的信号，0Hz 附件存在干扰峰。设计带通滤波器进行滤波，滤波后的信号时域图、频谱图如图 6-25 所示。

滤波后分别取不同长度的信号段做时延估计，计算结果列于表 6-4。

整段信号第一个发生周期位于第 30000～40000 个采样点内，第二个发生周期位于第 65000～75000 个采样点内。从表 6-4 的计算结果可以看出，同一段信号不同部分进行互相关时延估计其估计值不同。

**3. 信噪比的影响**

SNR 分别为 −10～10，互相关函数计算的时延值不同（表 6-5）。

**4. 观察时间的影响**

信号观察时间对时延值的影响见表 6-6。

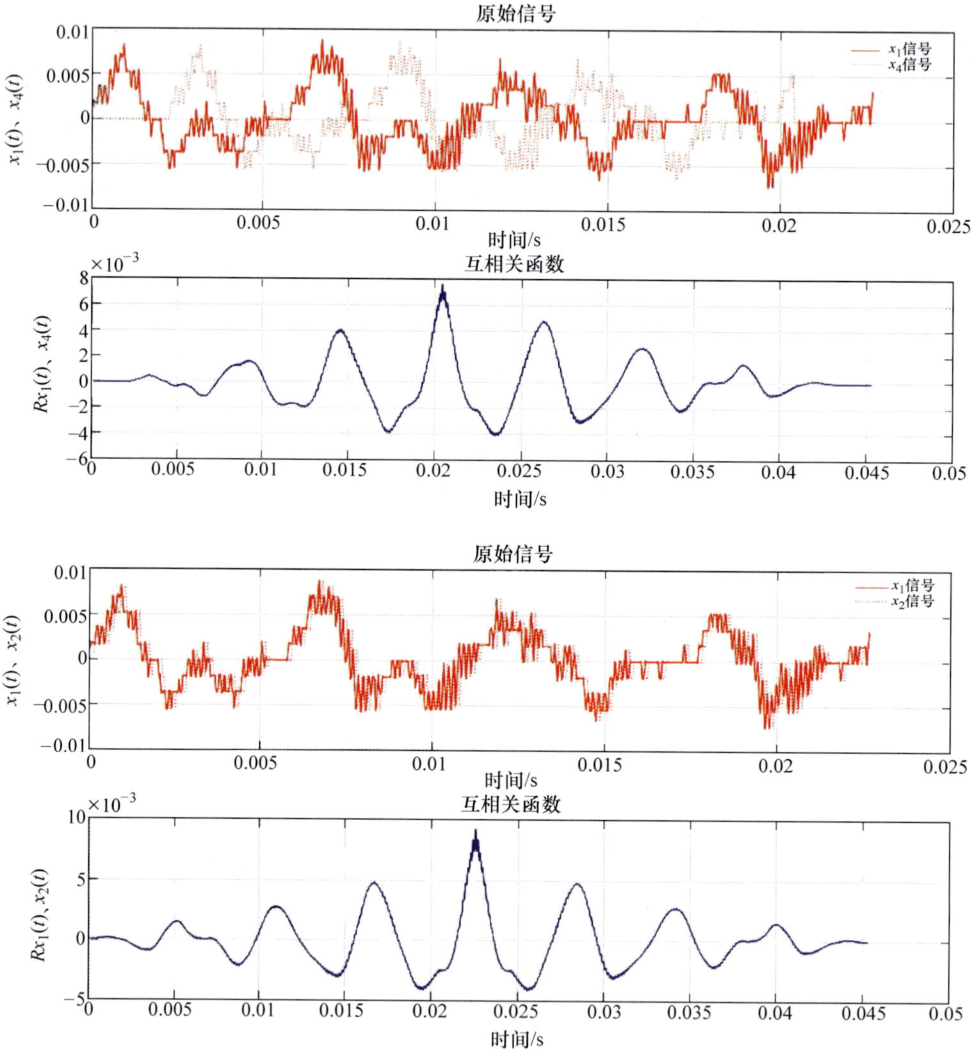


**图 6-22　非周期信号计算互相关函数图像**

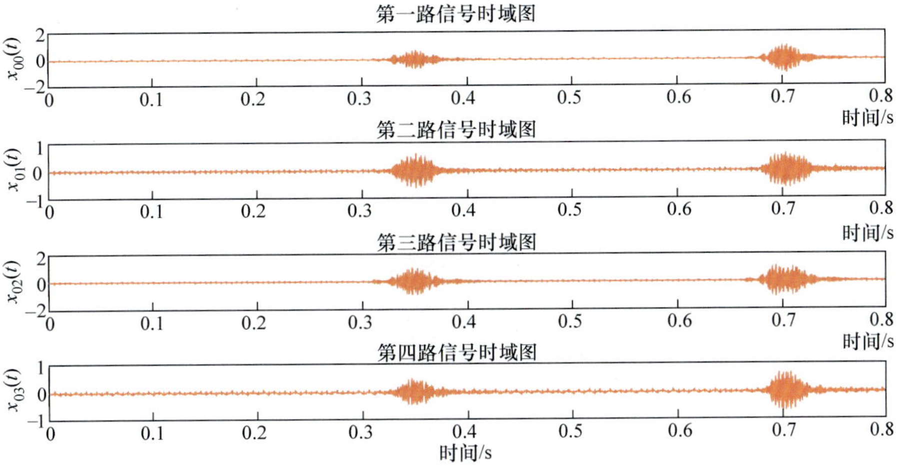


**图 6-23　四个通道信号时域图**

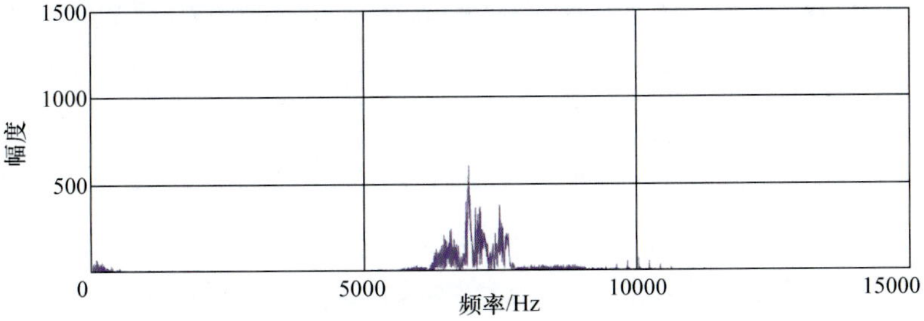


**图 6-24　某一通道信号频谱图**

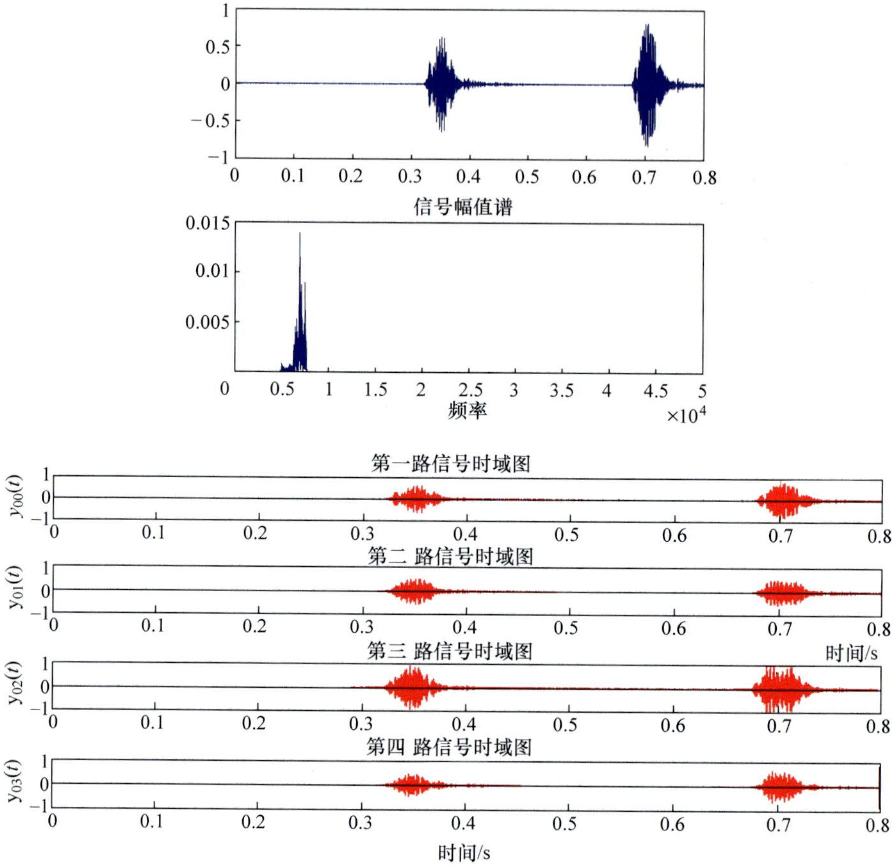


图 6-25　滤波后信号频谱图与时域图

表 6-4　不同长度的信号段做时延估计的计算结果

| N | Delay0 - 1 | Delay0 - 2 | Delay0 - 3 |
| --- | --- | --- | --- |
| 30000 ~ 40000 | -0. 00048 | 0. 00369 | -0. 00078 |
| 30000 ~ 50000 | -0. 00048 | 0. 00369 | -0. 00078 |
| 65000 ~ 75000 | 0. 00124 | 0. 00346 | -0. 0005 |
| 60001 ~ 80000 | 0. 00124 | 0. 00346 | -0. 0005 |
| 30000 ~ 80000 | 0. 00146 | 0. 00019 | -0. 00057 |

表 6-5　不同信噪比对时延值的影响

| SNR | Delay0 - 1 | Delay0 - 2 | Delay0 - 3 |
| --- | --- | --- | --- |
| -10 | -0. 00048 | 0. 00027 | -0. 0005 |
| -5 | 0. 00153 | 0. 00026 | -0. 00071 |
| 0 | 0. 00153 | 0. 00012 | -0. 00064 |
| 5 | 0. 00146 | 0. 00012 | -0. 00057 |
| 10 | 0. 00146 | 0. 00019 | -0. 00057 |
| 15 | 0. 00146 | 0. 00019 | -0. 00057 |
| 20 | 0. 00146 | 0. 00019 | -0. 00057 |
| 30 | 0. 00146 | 0. 00019 | -0. 00057 |

表 6-6　信号观察时间对时延值的影响

| N | Delay0 -1 | Delay0 -2 | Delay0 -3 |
|---|---|---|---|
| 30000 ~ 40000 | -0.00048 | 0.00369 | -0.00078 |
| 30000 ~ 50000 | -0.00048 | 0.00369 | -0.00078 |
| 30000 ~ 60000 | -0.00048 | 0.00369 | -0.00078 |
| 30000 ~ 65000 | -0.00048 | 0.00369 | -0.00078 |
| 30000 ~ 69000 | -0.00048 | 0.00026 | -0.00078 |
| 30000 ~ 70000 | -0.00041 | 0.00019 | -0.00064 |
| 30000 ~ 70500 | 0.00146 | 0.00012 | -0.00064 |
| 30000 ~ 71000 | 0.00153 | 0.00012 | -0.00057 |
| 30000 ~ 72000 | 0.00146 | 0.00019 | -0.00057 |
| 30000 ~ 75000 | 0.00146 | 0.00019 | -0.00057 |
| 30000 ~ 80000 | 0.00146 | 0.00019 | -0.00057 |

## 6.4　定位误差的度量

### 6.4.1　概述

受测量设备及传播环境的影响，观测站测量的定位参数会存在误差。对带有误差的测量数据进行处理，估计的目标位置也会偏离其真实值。通常将目标位置的估计值与其真实值之间的差值定义为定位误差。定位误差主要与定位体制、相应的定位算法和相应的参数测量误差有关。对于给定的定位体制，目标位置求解算法不同，定位误差的大小也不同；并且由于参数测量误差的随机性，定位误差也是随机的。

对于无缘侦察定位系统的性能度量通常是用定位误差来衡量和评估的。因此，针对定位误差的描述和度量也提出了许多方法，通常有均方误差（Mean Squared Error，MSE）、均方根误差（Root Mean Squared Error，RMSE）、累积分布函数（Cumulatant Distribution Function，CDF）、圆概率误差（Circular Error Probable，CEP）、几何精度稀释（Geometrical Dilution of Precision，GDOP）及克拉美 - 罗界（Cramer Rao Lower Bound，CRLB）等。另外，估计位置坐标的各个分量与真实位置坐标对应分量间误差的统计特性也是衡量定位误差的一种手段。针对给定的侦察定位系统，评估其性能的优劣除了定位误差指标外，还有观测站数量、研制成本、定位时间等指标。

### 6.4.2　定位误差

#### 1. 统计定位误差

众所周知，侦察定位结果不仅与侦察定位系统的性能有关，同时还与定位场景有关，也即对于给定的侦察定位系统，不同的定位场景，最终的定位精度不同。同样，相同的定位场景，不同的侦察定位系统，得到的侦察定位结果也相差甚远。由于观测站、辐射源目标的运动状态时刻在变化，参数测量、目标位置解算等处理过程中的各种误差使得侦察定位结果或多或少与目标的真实位置存在一定的偏差。因此，在实际侦察定位中，定位误差必然存在，其差别仅在于度量方法及其参数大小。

**2. 平均误差**（ME）

通常，定位误差被建模为随机过程，如果假设在某次侦察定位试验中，$t=t_i$ 时刻目标的真实位置为 $x_i$，而相应的定位结果为$\hat{x}_i$，则定位误差通常定义为$\Delta_i=\hat{x}_i-x_i$，其中为了表示简化未标试验序号。为了更准确反映某定位系统在给定场景下的定位误差，通常要进行大量统计试验，并对试验结果进行统计分析，以消除时间和样本选择对侦察定位试验结果的影响。因此，统计定位误差通常表示为

$$\Delta=E\{\hat{x}-x\} \tag{6-77}$$

该表达式即为定位误差的统计均值。

由于在实际定位应用中，目标位置的准确值是无法获取的，能够得到的只是其估计值，也即估计样本。因此，在无任何先验知识条件下，定位结果通常由样本的平均值代替，即

$$\bar{x}=\frac{1}{n}\sum_{i=1}^{n}(\hat{x}_i-\bar{x}^2) \tag{6-78}$$

式中，$n$ 为样本数量；$\bar{x}$ 为样本均值。

因此，根据平均误差的定义，平均定位误差定义为多次定位误差的算术平均值，也是一种衡量定位精度的常用方法。其优点是定义和计算简单，但是在实际中很难操作，这是因为目标真实值永远都是未知的。一般常用的就是将多次不同定位方法所得的定位误差进行统计平均。

**3. 均方误差**（MSE）

在数理统计中通常用均方误差描述误差，即参数估计值与真值之差平方的期望值，且有

$$\Delta=E\{(\hat{x}-x)^2\} \tag{6-79}$$

该统计参数描述了估计值偏离真实值的大小。

同样，由于在实际定位应用中，目标位置的准确值是无法获取的，能够得到的只是其估计值，也即估计样本。因此，定位误差的均方误差估计表达式为

$$\mathrm{MSE}=\frac{1}{n-1}\sum_{i=1}^{n}(\hat{x}_i-\bar{x})^2 \tag{6-80}$$

式中：$n$ 为样本数量；$\bar{x}$ 为样本均值

根据数理统计知识，在均方误差表达式中，除以 $n-1$ 为无偏估计；若除以 $n$ 则为渐进无偏估计。因此，有关文献也有如下表达式：

$$\text{MSE} = \frac{1}{n}\sum_{i=1}^{n}(\hat{x}_i - \bar{x})^2 \tag{6-81}$$

**4. 均方根误差**（RMSE）

均方根误差亦称标准误差，同样用来衡量观测值同真值之间的偏差，其定义为均方误差的平方根。因此在有限次定位估计中，均方根误差常用式（6-82）表示：

$$\text{RMSE} = \sqrt{\frac{1}{n-1}\sum_{i=1}^{n}(\hat{x}_i - \bar{x})^2} \tag{6-82}$$

式中，各个参数的定义通前面均方误差。同样，也存在如下的渐进无偏估计结果：

$$\text{RMSE} = \sqrt{\frac{1}{n}\sum_{i=1}^{n}(\hat{x}_i - \bar{x})^2} \tag{6-83}$$

从上面的定义可知，均方误差和均方根误差对定位误差的描述基本是一致的，两者之间为平方或开根号的关系，即 $\text{RMSE} = \sqrt{\text{MSE}}$。

### 6.4.3　概率定位误差

**1. 累积分布函数**（CDF）

由于定位误差可以建模为随机过程，因此定位误差的累积分布函数是指定位误差小于给定定位误差容限的概率。如果假设定位误差为 $\Delta$ 而给定误差容限，即可允许最大定位误差为$\Delta_{\max}$，则定位误差的累积分布函数定义如下：

$$F(\Delta_{\max}) = P(\Delta \leqslant \Delta_{\max}) \tag{6-84}$$

显然，累积分布函数为单调不减函数，它主要由定位误差的概率分布决定。例如：美国通信委员会（FCC）于 1996 年公布的 E －911 定位需求，要求 2001 年 10 月 1 日前，各种无线蜂窝网对发出 E－911 紧急呼叫的移动台提供定位的精度在 125m 内的概率不低于 67%。

**2. 椭圆概率误差**

误差椭圆（Error Ellipse）表示随机定位误差的一种方法。当两条位置线的误差服从正态分布时，定位点等概率分布密度的轨迹是以平均定位点为中心的一簇椭圆，即所谓等概率误差椭圆。椭圆的长、短轴及取向与两条位置线均方根误差的比值、位置线的交角及它们的相关系数有关。通常将定位点进入概率为 39.3%（也有规定为 50% 等其他值的）的误差椭圆的长、短轴作为误差椭圆的特征值。误差椭圆反映了误差在各个方向上的大小分布，是一种常用的表征定位误差的方法。

图6-26所示为定位点斜交点和直交点定位几何图示，也是在接收点 $O$ 的局部范围内最一般情况下的两线定位的几何图示。这里我们特别强调定位指示点 $P$ 的位置是由两个随机量 $x$ 和 $y$ 决定的。$x$ 和 $y$ 分别是两条实测位置线在真实点 $O$ 的法向移动量（测量值增大的方向作为移动量的正方向）。这样，在真实接收点上就确立了一种斜交坐标系，原点为 $O$，而两个坐标轴 $O_x$ 和 $O_y$ 分别取在过 $O$ 点的位置线的梯度方向上，它们的夹角是 $180° - \beta$，$\beta$ 是两条位置线在接收点 $O$ 的夹角。于是 $P$ 点的位置可以用斜交系中的坐标（$x$，$y$）表示，如图6-26所示。由于 $x$ 和 $y$ 是随机量，就是一个二维随机点。由于位置线的测量误差是零均值正态分布的，故 $x$ 和 $y$ 也是零均值正态分布的，并且已知 $x$ 和 $y$ 的相关系数 $k$，其表达式为

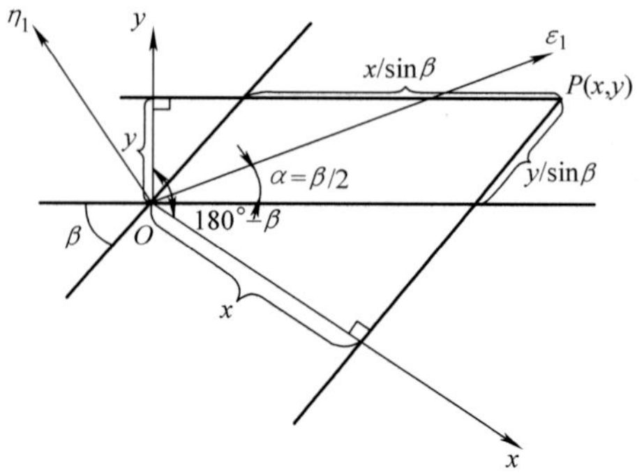


图6-26　定位点斜交系和直交系定位几何图示

$$k = \frac{E(xy)}{\sqrt{E(x^2)E(y^2)}} \tag{6-85}$$

由概率论知识，可得表征 $P$ 点位置的 $x$ 和 $y$ 的二维联合分布密度函数为

$$f(x,y) = \frac{\exp\left\{\frac{-1}{2(1-k^2)}\left[\frac{x^2}{\sigma_x^2} - 2k\frac{xy}{\sigma_x\sigma_y} + \frac{y^2}{\sigma_y^2}\right]\right\}}{2\pi\sigma_x\sigma_y\sqrt{1-k^2}} \tag{6-86}$$

如果令 $f(x,y)=c$，$c$ 为常数，这就是等概率密度曲线。其实只要式(6-86)指数部分等于常数 $-\frac{1}{2}c$，就可得到密度 $f(x,y)$ 为常值的曲线。这一曲线表达式为

$$\frac{x^2}{\sigma_x^2} - 2k\frac{xy}{\sigma_x\sigma_y} + \frac{y^2}{\sigma_y^2} = (1-k^2)c^2 \tag{6-87}$$

由于（$x$，$y$）是斜交坐标系，因此不便直接讨论式（6-87）所示曲线的形状，为此引入一个直角坐标系（$\varepsilon_1$，$\eta_1$）。

容易求得

$$\begin{cases} \varepsilon_1 = \dfrac{x}{\sin\beta}\cos\alpha + \dfrac{y}{\sin\beta}\cos\alpha \\ \eta_1 = \dfrac{-x}{\sin\beta}\sin\alpha + \dfrac{y}{\sin\beta}\sin\alpha \end{cases} \tag{6-88}$$

变换式（6-88），可得

$$\begin{cases} x = \varepsilon_1 \sin\alpha - \eta_1 \cos\alpha \\ y = \varepsilon_1 \sin\alpha + \eta_1 \cos\alpha \end{cases} \tag{6-89}$$

将式中的 $x$ 和 $y$ 代入到式（6-88）中去，就获得直角坐标系（$\varepsilon_1$，$\eta_1$）中的等概率密度曲线，该表达式中含有混合项$\varepsilon_1$、$\eta_1$。为能够简捷的画出等概率密度曲线的形状，我们用坐标轴旋转的办法消抹混合项，使其在新直角系（$\varepsilon$，$\eta$）变成标准型。所用的转轴公式为

$$\begin{cases} \varepsilon_1 = \varepsilon\sin\varphi - \eta\cos\varphi \\ \eta_1 = \varepsilon\sin\varphi + \eta\cos\varphi \end{cases} \tag{6-90}$$

其反变换为

$$\begin{cases} \varepsilon = \varepsilon_1 \cos\varphi - \eta_1 \sin\alpha\varphi \\ \varphi = -\varepsilon_1 \sin\alpha\varphi + \eta_1 \cos\alpha\varphi \end{cases} \tag{6-91}$$

转角由式（6-92）决定：

$$\varphi = -\frac{1}{2}\arctan\left[\frac{\sin\beta\left(\dfrac{\sigma_y}{\sigma_x} - \dfrac{\sigma_x}{\sigma_y}\right)}{2k + \cos\beta\left(\dfrac{\sigma_y}{\sigma_x} + \dfrac{\sigma_x}{\sigma_y}\right)}\right] \tag{6-92}$$

当相关系数 $k=0$ 时，转角表达式为

$$\varphi = \frac{1}{2}\arctan\left(\frac{\sigma_y^2 - \sigma_x^2}{\sigma_y^2 + \sigma_x^2}\tan\beta\right) \tag{6-93}$$

经过旋转之后，等概率密度曲线的表达式在新的直角系中变成

$$A\,\varepsilon^2 + c\,\eta^2 = (1-k^2)c^2 \tag{6-94}$$

特别将$c^2=1$ 时由式（6-94）求得的一个特定椭圆，叫作误差椭圆。表达式为

$$\frac{\varepsilon^2}{\sigma_\varepsilon^2} + \frac{\eta^2}{\sigma_\eta^2} = 1 \tag{6-95}$$

并把 $\sigma_\varepsilon^2$和 $\sigma_\eta^2$叫作随机定位误差在主轴方向上的方差，简称主轴方差，也就是误差椭圆的长、短半轴的平方。

随机定位点 $P$ 落入椭圆族内的概率为

$$P(c^2) = 1 - e^{-\frac{c^2}{2}} \tag{6-96}$$

当 $c=1$ 时，可求得落入误差椭圆内的概率为 39.3%。

**3. 圆概率误差**（CEP）

圆概率误差是指以定位估计点的均值为圆心，且定位估计点落入其中的概率为 0.5 的圆的半径。CEP 的定义为

$$\int_0^{\mathrm{CEP}} P(r)\,\mathrm{d}r = 0.5 \tag{6-97}$$

其概念是从炮兵射击演化而来的。也就是说，如果重复定位 100 次，那么理论上有 50 次会落入 CEP 圆内，有 50 次会落在 CEP 圆外。换个角度来说，如果某一次定位于某一点，则真实目标肯定有 50% 的概率在以该点位中心、CEP 为半径的圆内。

对于三维空间而言，描述误差的就不是圆了，而是一个误差球，称为球概率误差（SEP）。

对于高斯分布，其误差不大于 10% 的情况下，CEP 可以近似表示为

$$\mathrm{CEP} \approx 0.75\sqrt{\sigma_y^2+\sigma_x^2} \tag{6-98}$$

这样仅用定位误差圆的半径 $R=\mathrm{CEP}$ 就能说明定位误差的大小了，但不能知道误差的分布情况。

在二维平面内，为了求解圆概率误差，可以假设（$x$，$y$）的联合分布密度是在直角坐标系中的两个独立、同方差的正态变量的二维联合密度，故此时：

$$f(x,y)=\frac{1}{2\pi\sigma^2}\mathrm{e}^{-\frac{1}{2\sigma^2}(x^2+y^2)} \tag{6-99}$$

等概率密度的点的轨迹是同心圆族：

$$x^2+y^2=c^2\sigma^2 \tag{6-100}$$

圆的半径是 $r=c\sigma$，在同心圆上其概率密度是常量 $f(c)$，即

$$f(c)=\frac{1}{2\pi\sigma^2}\mathrm{e}^{-\frac{1}{2}c^2} \tag{6-101}$$

圆的面积 $S=\pi c^2\sigma^2$，$S$ 对 $c$ 的微分为

$$\mathrm{d}S=2\pi\sigma^2 c\mathrm{d}c \tag{6-102}$$

式中，d$S$ 就是微圆环的面积，落在微圆环的概率 d$P$ 是环面积乘以常值的线密度，即

$$\mathrm{d}P=\frac{1}{2\pi\sigma^2}\mathrm{e}^{-\frac{1}{2}c^2}\mathrm{d}S=\mathrm{e}^{-\frac{1}{2}c^2}\mathrm{d}\left(\frac{c^2}{2}\right) \tag{6-103}$$

落入半径为 $r$ 的圆内的概率 $P(r)$ 为

$$P(r)=\iint_s\frac{1}{2\pi\sigma^2}\mathrm{e}^{-\frac{1}{2\sigma^2}(x^2+y^2)}\mathrm{d}x\mathrm{d}y=\int_0^c\mathrm{e}^{-\frac{1}{2}c^2}\mathrm{d}\left(\frac{c^2}{2}\right)=\int_0^r\mathrm{e}^{-\frac{r^2}{2\sigma^2}}\mathrm{d}\left(\frac{r^2}{2\sigma^2}\right)=1-\mathrm{e}^{-\frac{r^2}{2\sigma^2}} \tag{6-104}$$

### 6.4.4 几何精度稀释

定位误差的几何稀释，或者称作定位误差的几何因子，用式（6-105）、式（6-106）表示：

$$\mathrm{GDOP}(x,y)=\sqrt{\sigma_y^2+\sigma_x^2} \tag{6-105}$$

$$\mathrm{GDOP}(x,y,z)=\sqrt{\sigma_y^2+\sigma_x^2+\sigma_z^2} \tag{6-106}$$

GDOP 描述的是定位误差的分布,它既可以用式(6-78),式(6-80)的均方根误差来表示,还可以用圆概率误差来计算。

为了更加直观地表示目标定位误差的分布,通常将一个区域的定位误差、GDOP 描绘成等高线图的形式,并在其上表示等高线数值。

GDOP 可作为从大量基站中选择所需定位基站的指标,选中的 GDOP 最小的基站,还可以用于建立新系统时作为选择基站位置的参考站

## 6.4.5　克拉美 - 罗界

### 1. 克拉美 - 罗界基本概念

克拉美 - 罗界表征了无偏估计量所能达到的最小方差,可以用来分析各种定位方法所能达到的最优理论性能。

为了求解 CRLB,可以令 $X=(X_1,X_2,\cdots,X_n)$ 为随机向量，$\{f_X(x|\theta):\theta\in\phi\}$ 为以 $\theta$ 为参数的统计模型，则似然函数为 $L(\theta|x)=f_X(x|\theta)$。

概率密度函数是 $X$ 的函数，保持参数 $\theta$ 不变，而 $L$ 是参数 $\theta$ 的函数，$X$ 为恒量。对于所有的 $\theta\in\varphi$，参数 $\hat{\theta},L(\hat{\theta})\geqslant L(\theta)$，则叫作 $\theta$ 的最大似然估计。很多概率密度函数是指数形式，因此计算函数 $L(\theta|x)$ 的对数似然函数更容易，记为

$$l(\theta|x)=\ln(L(\theta|x)) \tag{6-107}$$

Score 函数定义为 $l$ 的梯度，记为 $U(\theta)=\frac{\partial l}{\partial\theta}$。Fisher 信息矩阵是 Score 函数的方差，记为 $I=\mathrm{Var}[U]$。如果 $f_X(x|\theta)$ 为指数函数类，则 $I=E[U^{\mathrm{T}}U]$。经过更进一步的推导，可得 $I=-E[\partial U/\partial\theta]$。如果 $T$ 是 $\theta$ 的无偏估计，则

$$\mathrm{Var}\left[T(X)\geqslant\frac{1}{I(\theta)}\right] \tag{6-108}$$

这就是克拉美 - 罗界不等式。$\frac{1}{I(\theta)}$为克拉美 - 罗界（CRLB）。

### 2. 克拉美 - 罗界一般求法

1）均方误差法：

$$\mathrm{Var}(\hat{\theta})=E\ (\hat{\theta}-\theta)^2\geqslant\frac{1}{I(\theta)}=\frac{1}{E\left[-\frac{\partial^2\ln f(x|\theta)}{\partial\theta^2}\right]}$$

2）根据概率密度函数推导，如上节所述。其应用前提为概率密度函数容易求得，或者服从某种分布。

3）根据均值和协方差推导，如 $x$ 的均值为 $m_x$，$x$ 的协方差矩阵为 $\boldsymbol{R}_x=E[(x-m_x)(x-m_x)^{\mathrm{H}}]$，则 Fisher 信息矩阵中的元素为 $\mathrm{CRLB}(\theta_{\mathrm{k}})=(J^{-1})_{\mathrm{kk}}$。

# 第 7 章

# 便携式锅炉炉管泄漏噪声检测系统

## 7.1 系统概述

在热工检测领域，经常需要对运送高温高压工质的管道进行检测。处于恶劣环境下的承压管道容易发生泄漏情况，泄漏发生时，管道内的高温、高压流体因内外存在的压力差通过裂缝喷射出来形成喷流，同时产生喷流噪声。声学检测技术可以通过频谱分析和专家诊断迅速给出管道泄漏情况评估，是一种比较先进的技术手段。目前，电站锅炉的承压管检测系统普遍依靠区域性定位原理，即通过比较各个声探头采集信号的能量大小，粗略估计声发生源所在区域。这种系统体积庞大，传感器数量多达 40～60 只，造价昂贵并且检测精度低。在确保系统便携性、低造价、高准确度的条件下，开发了一套完整的声源检测与定位系统，为声发射检测仪器的设计提供了参考，以及为推广声学检测仪器的应用起到一定作用。

便携式锅炉炉管泄漏检测系统，采用了声音传感器阵列，并结合阵列模型写出了相应的定位方程。其系统较为简单，且能给出泄漏点的准确坐标。检测系统结构如图 7-1 所示。

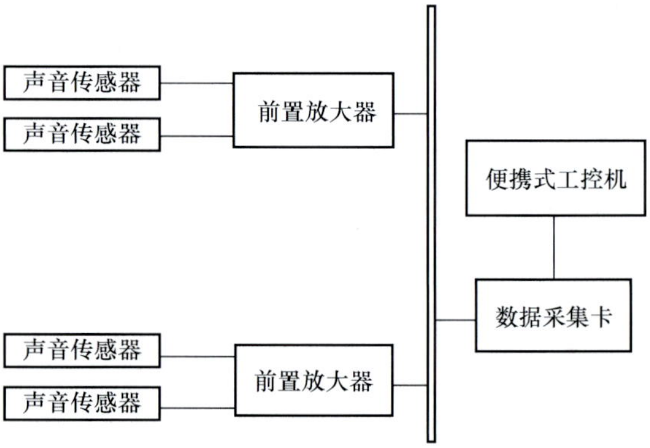


图 7-1　检测系统结构

## 7.2 系统组成

便携式锅炉炉管检测系统一般由声音传感器、前置放大器、数据采集卡、便携式工控机等基本单元组成，现将系统的各主要部分分别介绍如下。

声音传感器是便携式锅炉炉管检测系统捕捉信号的关键部分，主要用于检测声源信号。即将声信号变成系统可以识别的电信号，送入前置放大器中进一步放大。一般要求声音传感器相位匹配一致，且灵敏度足够高及频带尽量宽，以利于检测到微弱的宽频带的锅炉炉管泄漏声信号。

电缆通常是由几根或几组导线（每组至少两根）绞合而成的。每组导线之间相互绝缘，并常围绕着一根中心扭成；整个外面包有高度绝缘的覆盖层。电缆具有内通电、外绝缘的特征。一般是用来连接电路、电器等。

前置放大器置于声音传感器后、数据采集卡前。声音传感器输出的电信号经过它放大后，再经过电缆的输送到数据采集卡，供数据采集卡整合。它的作用是：①为高阻抗的声音传感器与低阻抗的传输电缆之间提供匹配；②当泄漏信号比较微弱的时候，可以对声音传感器输送过来的电信号进行放大。

数据采集卡是计算机和外部信号之间的接口。它的主要功能是将输入的模拟信号数字化，使计算机可以进行解析。数据采集卡用于测量信号的三个主要组成部分为信号调理电路、模数转换器（ADC）与计算机总线。很多数据采集卡还拥有实现测量系统和过程自动化的其他功能。例如：数模转换器（DAC）输出模拟信号、数字I/O线输入和输出数字信号，以及计数器/定时器计量并生成数字脉冲。

数据采集（DAQ），是指从传感器和其他待测设备等模拟和数字被测单元中自动采非电量或者电量信号，送到上位机中进行分析、处理。数据采集系统是结合基于计算机或者其他专用测试平台的测量软硬件产品来实现灵活的、用户自定义的测量系统。数据采集卡，即实现数据采集（DAQ）功能的计算机扩展卡，可以通过USB、PXI、PCI、PCI Express、火线（IEEE1394）、PCMCIA、ISA、Compact Flash、485、232、以太网及各种无线网络等总线接入个人计算机。

便携式工控机是专门为工业控制设计的计算机，用于对生产过程中使用的机器设备、生产流程、数据参数等进行检测与控制。便携式工控机经常会在环境比较恶劣的环境下运行，对数据的安全性要求也更高，所以便携式工控机通常会进行加固、防尘、防潮、防腐蚀、防辐射等特殊设计。便携式工控机对于扩展性的要求也非常高，接口的设计需要满足特定的外部设备。因此，大多数情况下便携式工控机需要单独定制才能满足需求。便携工控机可以灵活地应用在对温度及使用空间等苛刻的环境中，包括车载、医疗、零售、监控、电子广告牌、工厂控制等有低功耗系统需求的应用市场。

便携式锅炉炉管泄漏检测系统开发了一系列与泄漏声源信号检测及定位相关的辅助程序，如声音信号采集、数据存储、频谱分析、信号滤波、时延值求取等。这一系列辅助程序使系统具有泄漏声信号特征参数的提取、频率特征显示、时延值求取、重要数据存储等功能，可以实现锅炉炉管泄漏点的精准定位。

### 7.2.1 声音传感器

**1. 工作原理**

目前所使用的声音传感器按其工作原理可分为电容式（包括静电式）、压电式、电致伸缩式。

（1）电容式　它的工作原理是基于加到电容器极板上的电压、电容和电荷存在着联系。在最简单的方案中，当电容器极板间的距离在声波作用下改变时，电容器的电容发生变化。因此，在电路中产生可以测量的电流。在比较复杂的情况下，电容器被接入高频简谐振荡器的电路内；声振动用做低频调制。这种形式的声音传感器成功应用于记录超低频声振动。

（2）压电式　某些晶体受力产生变形时，其表面出现电荷而又在电场的作用下，晶片发生弹性变形，这种现象称为压电效应。基于晶体原件的压电效应，将声源引起的振动转化成电压信号。压电材料多为非金属介电晶体，包括锆钛酸铅、钛酸铅、钛酸钡等多晶体和铌酸锂、碘酸锂等单晶体。其中锆钛酸铅（PZT－5）接收灵敏度高，是声音传感器常用的压电材料；铌酸锂晶体居里点高达1200℃，常用做高温传感器。

（3）电致伸缩式　有些多晶材料如锆钛酸铅陶瓷等，存在着自发形成的分子集团即所谓电畴，它具有一定的极化，并且沿极化方向的长度往往与其他方向的不同。当有外加电场作用时，这种电畴就会发生转动，使其极化方向尽量转到与外电场方向一致。因此这种材料沿外电场方向的长度会发生变化，这种现象称为电致伸缩效应。基于晶体材料的电致伸缩效应，将声源引起的振动转化成电压信号。

**2. 主要的声学特性**

声音传感器的主要特性如下。

自由场电压灵敏度 $G$，定义为在无扰动平面波场中，接收器的开路输出电压 $U_x$ 与作用于声音传感器的声压之比值［V/Pa］，即

$$G_x = U_x/P \tag{7-1}$$

（1）阈值 $P_M$　当测量带宽为1Hz、信号/干扰＝1时，信号的声压值（换言之，在声音传感器输出端上产生与声音传感器固有噪声产生相同电压的均方声压值）。

（2）灵敏度指向性（简称指向性）$D(r)$　在声音传感器的远场、离开声音传感器固定距离上，在矢量半径 $r$ 方向上，位于自由空间的声音传感器所接收到的信号与在某个固定方向 $r_0$ 所接收到的信号之比值与空间方向的关系。$r_0$ 方向一般与最大灵敏度方向重合。一般情况下，$D(r) = R(r)\exp(j\Delta\varphi_p)$，是复数量；其中$R(r) = |D(r)|$是幅度方向性，它描述灵敏度与其最大值的偏离；而 $\Delta\varphi_p$ 为

声音传感器的相位特性，它由平面单色波中的真实相位与在声音传感器输出端上信号相位的差值。

（3）相位　若要将多个声传感器装配成传感器阵列，必须考虑各个传感器的相位是否一致；若不一致，必须进行校准。这是因为在定位算法中进行了阵列模型假设，即假设了阵列各阵元具有相同的幅度灵敏度和相位误差。但在实际应用时，由于各个麦克风之间的差异，如放大电路增益不一致、采样电路时钟不同步、麦克风阵列机械加工精度低，都将导致算法性能急剧下降。

（4）动态范围 $\Delta d$　信号幅度的测量范围，在此范围内声音传感器可以用来测量声场参数。一般动态范围定义为过载声压值（$P_{max}$）与阈值（$P_M$）之比，即

$$\Delta d = 20\lg(P_{max}/P_M) \tag{7-2}$$

此外，还经常使用以下特性判断声音传感器的制作质量。

**3. 类型与选择**

声音传感器属检测系统的关键部件，其响应多敏感于表面振动的垂直位移，包括位移、位移速度、位移加速度，这主要取决于声音传感器的频率响应和灵敏度特性。

在声音传感器的供电方式上分为200V极化电压型和预极化型；在测量应用中分为自由场，压力场和扩散场；在尺寸上分为1/4in（1in＝25.4mm），1/2in和1in。

1）预极化型声音传感器。在声音传感器的后极板的驻极体材料中注入电荷，使膜片和后极板之间有电场存在。这就相当于极化电压的作用，无须外部的极化电压，如200V极化电压型声音传感器。由于需要前置放大器提供200V极化电压在膜片和后极板之间。因此需要配备专门的前置放大器和供电器，输出接口通常是Lemo 7芯连接器。

2）自由场。适用范围为环境、车内、车外、消声室、混响室内的声学测量。当声音传感器放入声场中时，会改变原有的声场。自由场声音传感器测量到的是消除了传感器对声场影响的声压。

3）压力场。适用范围为小腔内，如人工耳、物体表面声压等。压力场声音传感器测量到的是作用在声音传感器膜片上的声压。在测量10000Hz以下的频响时，压力场声音传感器也可用于自由场和无规则入射声场环境下。

4）扩散场。只有美国标准中规定了使用无规则入射声音传感器，在我国和其他地区则无此标准和规定。如果测量方式需要符合美国ANSI标准，则应选无规则入射声音传感器。

**4. 声音传感器灵敏度的校准方法**

声音传感器的标定方法因激励源和传播介质不同，可以组成多种多样的方

法。激励源又分为噪声源、连续波源和脉冲波源等三种类型。噪声源又有氦气喷射、应力腐蚀和金镉合金相变等；连续波源可以由压电传感器、电磁传感器、磁致伸缩传感器等产生；脉冲波源可以由电火花、玻璃毛细血管破裂、铅笔芯断裂、落球和激光脉冲等产生。传播介质可以是钢、铝或其他材料的棒、板和块。

作为声音传感器的标定源，在测量的频率范围内，希望具有恒定的振幅。已知单位脉冲函数 $\delta(t)$ 的振幅频谱为：$G(\omega) = \int_{-\infty}^{\infty} \delta(t)\mathrm{d}t = 1$。可见，理想的激励源应该是 $\delta$－源——脉冲源。比较常用的脉冲源有玻璃毛细管破裂方法、铅笔芯断裂法、电火花方法。

（1）声音传感器绝对灵敏度校准　绝对灵敏度校准有表面波脉冲法和互易法两种。绝对灵敏度（*M*），一般用在一定频率下，传感器的输入电压（V）与表面垂直位移速度（m/s）之比来表示，其单位为 V/(m/s)。

1）表面波脉冲法。在半无限体钢制试块表面上，以铅笔芯或玻璃细管的断裂作为阶段跃力点源，如测得标准电容位移传感器和待校传感器对表面波脉冲的响应，则即可按定义算出绝对灵敏度。该校准方法已纳入 ASTM 标准（ISO 12713：1998（E）、ISO 12714：1999（E）），在 100kHz～1MHz 频率内，校准的不确定度可达 ±15%（90% 置信度）。我国也已建立起此类校准系统，差动宽频带传感器绝对灵敏度曲线如图 7-2所示。

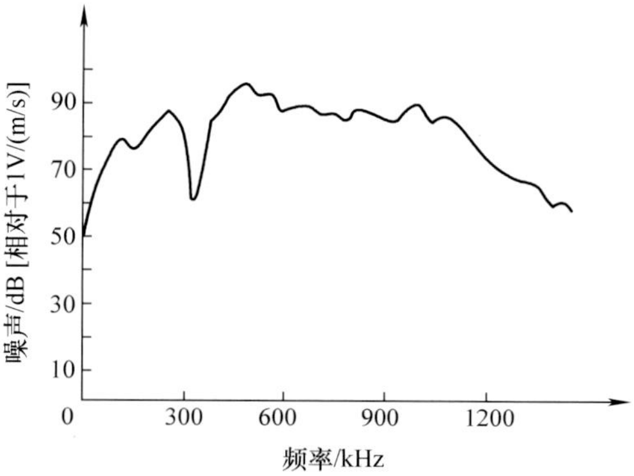

**图 7-2　差动宽频带传感器绝对灵敏度曲线**

表面波脉冲法操作不便，但与检测实际相近。除了一般传感器校准外，还可用于二级标准传感器的校准。

2）互易法。根据传感器的机电变换的可逆性原理，在半无限体试块表面上，只要比较一组同类传感器之间的电气特性，即可测出绝对灵敏度。此法不需直接测量表面的法向位移，因而操作比较简便。但是，每次校准需提供三个同类代校传感器。该方法已纳入日本无损检测协会标准，在 50kHz～1MHz 频率内，可提供表面波和纵波灵敏度检测。

（2）传感器相对灵敏度校准　在批量检测中，需要一种简便而经济的相对校准方法，以比较传感器灵敏度的变化。此类方法只提供传感器对模拟源的相对幅度或频率响应。

常用的对接法，一般由小型试块、以扫频仪为激励源的超声传感器（谐振频率大于2.5MHz）及电压表构成，可用来比较传感器的频率响应。作为一种简便方法，可由小型试块、电脉冲发生器、声音传感器等构成。用声音传感器记录对模拟信号的响应幅度，也可与已知灵敏度的标准传感器做比较，实例如图7-3所示。

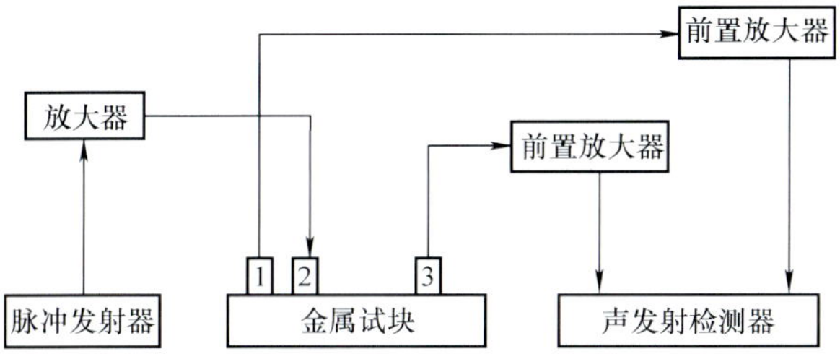


**图7-3 相对校准实例**

1—标准传感器 2—压电传感器 3—待校传感器

## 7.2.2 电缆

### 1. 电缆类型

声音传感器、前置放大器、数据采集卡、便携式工控机之间通过电缆线连接。电缆类型包括同轴电缆、双芯绞合线和光纤电缆。

50Ω同轴电缆为常用的类型，可满足电磁屏蔽和阻抗匹配的基本要求。前置放大器的电源线与信号输出钱，一般共用一个同轴电缆。而有些厂家的设备，却将前置放大器的电源线与信号线分开，并采用双芯绞合线。光纤电缆只用于特殊情况。

### 2. 电缆中的噪声问题

由于电缆中的屏蔽作用有限，对电磁波起着类似“天线”的作用，易受电磁波的干扰。为减少其影响而应限制其长度，一般不宜大于1.5m。同理，声音传感器与金属试件之间不得导电，要保持电绝缘。在强电磁噪声环境中，也可直接采用前置放大器内置的声音传感器，以尽量消除由电缆线引起的噪声。此外，声音传感器本身也是电容器，因而电缆的分布电容会相应降低声音传感器的灵敏度。为使声音传感器之间的灵敏度保持一致，宜采用等长度电缆。信号电缆和其连接件，在使用中常由于损伤或开路也会引起电磁噪声干扰。

### 3. 阻抗匹配

当信号在电缆中传输时，如信号线的阻抗与终端或始端不匹配，信号将在传输线内发生反射，并造成信号衰减。只有与两端都匹配才使信号衰减最小。为获得最佳传输功率，电缆线与前置放大器、数据采集卡和便携式工控机都应当匹配。

#### 4. 电缆长度

声音传感器至前置放大器，前置放大器至数据采集卡的电缆线一般很短，其传输衰减可忽略。但是，数据采集卡至便携式工控机的电缆长度，可以从几米至几百米，或者更长的范围变化，对长电缆应该考虑信号衰减问题。一般而言，全线的衰减不宜大于3dB。当电缆长度大于300m时，应串接中继放大器。

### 7.2.3 前置放大器

#### 1. 分类

前置放大器一般为独立部件。某些特殊应用条件下，为了进一步减少由电缆引入的干扰，把声音传感器和前端电缆也去掉，将声音传感器与前置放大器结合为一体，称为前放内置式传感器。

前置放大器一般具有单端和差动两种输入方式，分别配用不同的声音传感器。差动声音传感器和差动放大器具有较强的共模电压干扰抑制能力，可以适用于较强的电磁干扰环境下的声音信号检测；但差动声音传感器的灵敏度低。因此，常规检测还是以单端声音传感器和单端输入的前置放大器为主。

#### 2. 性能

（1）增益　通常提供40dB固定增益。有的还备有20dB和60dB附加增益，以适应不同的用途。

（2）频率范围　放大器本身可提供较宽的频率范围，通常约为2kHz～1MHz。然而，前置放大器常用插入滤波器组件方式提供频率滤波功能。因此，实际频宽取决于滤波器的选择，包括低通、高通和带通滤波器。

（3）噪声　噪声水平取决于晶体管的性能、放大器频宽、输入阻抗和环境温度。其中，频宽为主要的影响因素，即频率范围越宽噪声水平就越高。

（4）动态范围　可用最大输出信号幅度对输出噪声幅度之比表示。为适用于宽的信号幅度范围，放大器的动态范围应尽可能大，一般为60～85dB。

（5）自动探头标定　场探头标定方便，即将自动探头标定电路集成于前置放大器，使前置放大器具有自动标定功能。

### 7.2.4 数据采集卡

#### 1. 分类

基于PC总线的板卡种类很多，其分类方法也有很多种。按照板卡处理信号的不同可以分为模拟量输入板卡（A/D卡）、模拟量输出板卡（D/A卡）、开关量输入板卡、开关量输出板卡、脉冲量输入板卡、多功能板卡等。其中多功能板卡可以集成多个功能，如数字量输入/输出板卡将模拟量输入和数字量输入/输出集成在同一张卡上。根据总线的不同，可分为PXI/CPCI板卡和PCI板卡。

还有其他一些专用 I/O 板卡，如智能接口卡、虚拟存储板（电子盘）、信号调理板、专用（接线）端子板等，这些种类齐全、性能良好的 I/O 板卡与 IPC 配合使用，使系统的构成十分容易。

**2. 主要类型**

在工业现场，我们会安装很多的各种类型的传感器，如压力的、温度的、流量的、声音的、电参数的等。受现场环境的限制，传感器信号如压力传感器输出的电压，或者电流信号不能远传，或者因为传感器太多布线复杂，我们就会选用分布式，或者远程的采集卡（模块）在现场把信号较高精度地转换成数字量；然后通过各种远传通信技术（如 485、232、以太网及各种无线网络）把数据传到计算机，或者其他控制器中进行处理。这种也算数据采集卡的一种，只是它对环境的适应能力更强，且可以应对各种恶劣的工业环境。

如果是在比较好的现场或者实验室，如学校的实验室，就可以使用 USB/PCI 这种采集卡。和常见的内置采集卡不同，外置数据采集卡一般采用 USB 接口和 1394 接口。因此，外置数据采集卡主要指 USB 采集卡和 1394 采集卡。

数据采集卡，绝大多数集中在采集模拟量、数字量、热电阻、热电偶，其中热电阻可以认为是非电量（其实本质上还是要用电流驱动来采集）。其中模拟量采集卡和数字量采集卡用得最广泛的。

目前市场上有一种二合一采集卡。二合一，指的是数字模拟采集卡，即 AV + DV 采集卡，数字、模拟二合一，数字输入、输出，模拟接口输入（DV/AV/S - video）。

最后，虽然说是采集卡，但实际应用中经常需要它输出控制信号。采集卡广泛应用于安防监控、教育课件录制、大屏拼接、多媒体录播录像、会议录制、虚拟演播室、虚拟现实、安检 X 射线机、雷达图像信号、VDR 纪录仪、医疗 X 射线机、CT 机、胃肠机、阴道镜、工业检测、智能交通、医学影像、工业监控、仪器仪表、机器视觉等。

**3. 技术参数**

（1）通道数　是指板卡可以采集几路的信号，分为单端和差分。常用的有单端 32 路、差分 16 路、单端 16 路、差分 8 路。

（2）采样频率　单位时间采集的数据点数，与 AD 芯片的转换一个点所需时间有关。例如：AD 转换一个点需要 $T = 10us$，则其采样频率 $f = 1/T$ 为 100kHz，即每秒 AD 芯片可以转换 100kHz 的数据点数。单位为赫兹（Hz），常有 100kHz、250kHz、500kHz、800kHz、1MHz、40MHz 等。

（3）缓存的区别及作用　缓存主要用来存储 AD 芯片转换后的数据。有缓存可以设置采样频率，没有则不可以。缓存有 RAM 和 FIFO 两种。FIFO 应用在数据采集卡上，做数据缓冲；存储量不大，但速度快。RAM 是随机存取内存的简称，一般用于高速采集卡，其存储量大，但速度较慢。

（4）分辨率　是指采样数据最低位所代表的模拟量的值，常有 12 位、14 位、16 位等（12 位分辨率，电压 5000mV）。12 位所能表示的数据量为 4096（$2^{12}$），即 ±5000mV 电压量程内可以表示 4096 个电压值，单位增量为（5000mV）/4096 =1.22mV。分辨率与 A/D 转换器的位数有确定的关系，可以表示为 FS/2$n$。FS 表示满量程输入值，$n$ 为 A/D 转换器的位数。位数越多，分辨率越高。

（5）精度　是指测量值和真实值之间的误差，标称数据采集卡的测量准确程度。一般用满量程（FSR，full scale range）的百分比表示，常见的如 0.05% FSR、0.1% FSR 等。如满量程范围为 0 ~10V，其精度为 0.1% FSR，则代表测量所得到的数值和真实值之间的差距在 10mV 以内。

（6）量程　是指输入信号的幅度，常用的有 ±5V、±10V、0 ~5V、0 ~10V，要求输入信号在量程内进行。

（7）增益　是指输入信号的放大倍数。分为程控增益和硬件增益，通过数据采集卡的电压放大芯片将 AD 转换后的数据进行固定倍数的放大。由两种型号：PGA202（1、10、100、1000）和 PGA203（1、2、4、8）的增益芯片。

（8）触发　可分为内触发和外触发两种，指定启动 AD 转换方式。

### 7.2.5　便携式工控机

#### 1. 性能

1）铝制外壳。铝制外壳和散热片设计使系统不仅具有高散热性，而且具有高抗腐蚀性。这可使设备在恶劣环境下运行时具有高的可靠性。

2）无风扇设计。紧凑的嵌入式机箱没有任何风扇设备，如 CPU 风扇、系统风扇、电源风扇等。极大地减少了系统的维护需求。

3）高抗冲击性和高抗振性。凭借其板载 CPU、内存、闪存和加固的接口，便携工控机在运行时能够承受高达 50G 的冲击及 5G 的振动。

4）超强散热设计。便携工控机设计有散热管和铝制散热片，能够支持 -20 ~60℃的宽范围工作温度。此外，便携工控机所使用的低电压 CPU 与工业级部件能够满足关键应用的需求。

#### 2. 结构

（1）尺寸紧凑　与传统工控机不同，便携工控机尺寸紧凑。其体积小、质量轻，因此能够节省工作空间。

（2）安装方式多样　为了满足多种应用需求，便携工控机支持多种安装方式，如导轨式安装、壁挂式安装及桌面安装等。因此，便携工控机能够简单便捷地安装在系统中。

# 7.3　功能

## 7.3.1　信号采集

声音采集主要涉及两个方面的知识：一个是采样频率；一个是采样深度。①采样频率：采样是指将已知的模拟信号每隔一定时间 $T$ 抽出一个样本信号，把连续信号变为离散信号。一般来讲，采样频率最好定为噪声信号最高频率的2.5～3倍。②采样深度：反映了取样中对声音强度记录的精细程度。考虑到我们对样本精度的实际需求及工控机数据存储能力的大小，我们将采样频率定为100kHz，采样深度定为16bit。声音采样如图7-4所示。

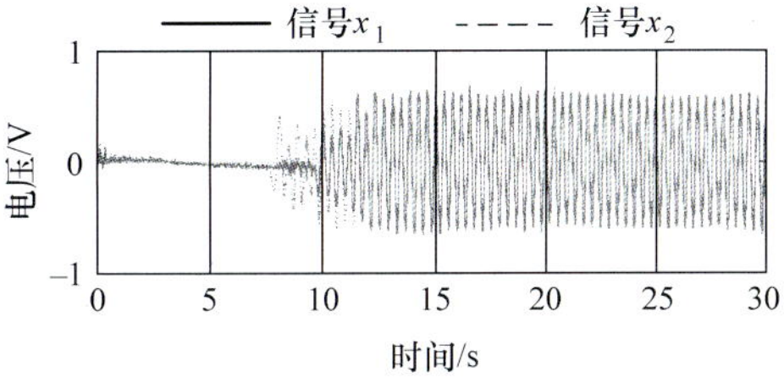


图7-4　声音采样

## 7.3.2　频谱分析

频谱分析是指把信号从以时间为坐标轴的时域转变到以频率为坐标轴的频域上进行分析，研究信号的某些特征随频率的分布，如幅度谱、相位谱、能量谱和功率谱。进行频谱分析时，对于模拟信号来说，首先对其进行抽样，使其离散化；然后利用离散傅里叶变换（DFT）或者快速傅里叶变换（FFT）得出其频域图。根据泄漏信号的特征参数在频谱图上设定好报警阈值，即刻及时发现泄漏并了解泄漏的情况。对上面采集到的声音进行频谱分析，得到的语音信号频谱如图7-5所示。

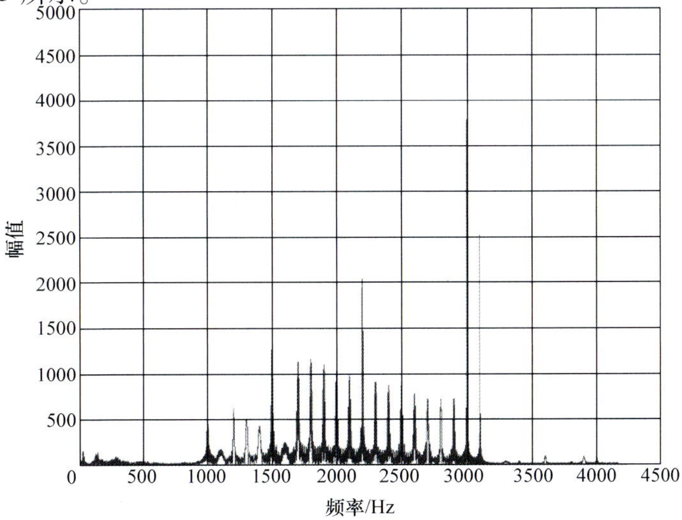


图7-5　语音信号频谱

### 7.3.3 滤波

声音滤波，分为低通、高通、带阻、带通。

带通滤波的作用是只允许某一段频带内的信号通过，而比通频带下限频率低和比上限频率高的信号被阻断。常用于从许多信号（包括干扰、噪声）中获取所需要的有用信号，因此希望带通滤波的通频窄而稳定。

带通滤波可由低通滤波和高通滤波串联实现，利用低通滤波滤掉高频信号，利用高通滤波滤掉低频信号。低通滤波的截止频率必须大于高通滤波的截止频率。利用这个思路组成如图 7-6 所示的基本带通滤波电路。

图 7-6 中的集成放大器是用来隔离低通和高通滤波电路的，由此可得该电路输入、输出关系为

$$\dot{A}_{\mathrm{u}}=\frac{\dot{U}_0}{\dot{U}_i}=\frac{j\dfrac{\omega}{\omega_0}A_{\mathrm{u}}}{1-\left(\dfrac{\omega}{\omega_0}\right)^2+j\dfrac{1}{Q}\cdot\dfrac{\omega}{\omega_0}} \tag{7-3}$$

式中：$\dot{A}_{\mathrm{u}}=\sqrt{\dfrac{R_2C_2}{R_1C_1}}$；$\omega_0=\sqrt{\dfrac{1}{R_1C_1R_2C_2}}$；$Q=\dfrac{\sqrt{R_1C_1R_2C_2}}{R_1C_1+R_2C_2}$。

从式（7-3）可以看出，带通滤波和低通、高通滤波的区别只在于式中分子 $j\dfrac{\omega}{\omega_0}$ 是 1，还是 $\left(j\dfrac{\omega}{\omega_0}\right)^2$ 而已。因此有些性能和设计计算都可以通过转换互相通用。

典型的带通滤波电路如图 7-7 所示。它的输入输出关系为

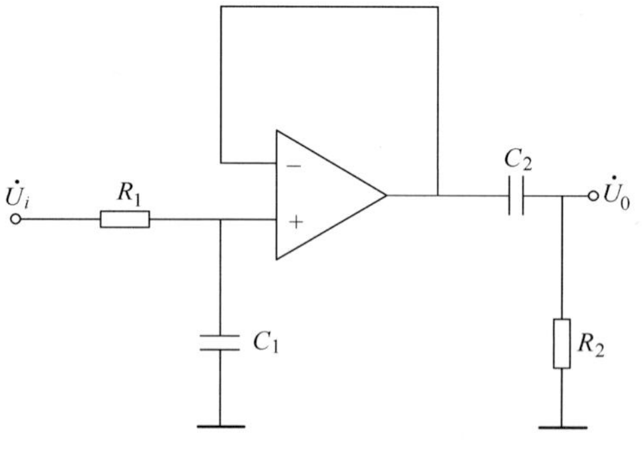


图 7-6 基本带通滤波电路

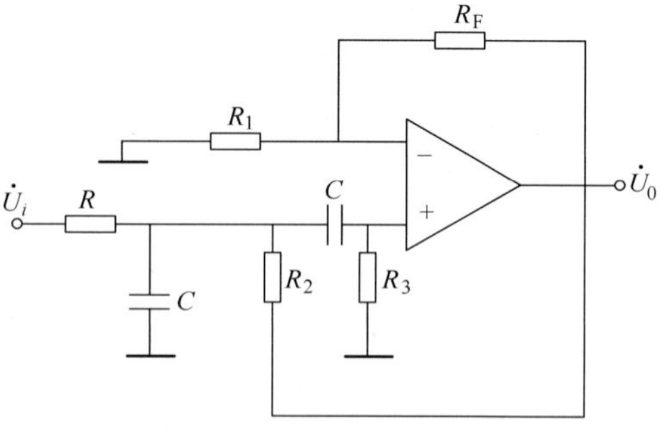


图 7-7 典型带通滤波电路

$$\dot{A}_{\mathrm{u}}=\frac{\dot{U}_0}{\dot{U}_i}=\frac{j\frac{\omega}{\omega_0}A_{\mathrm{u}}}{1-\left(\frac{\omega}{\omega_0}\right)^2+j\frac{1}{Q}\cdot\frac{\omega}{\omega_0}} \tag{7-4}$$

式中：$\dot{A}_{\mathrm{u}}=\left(1+\frac{R_{\mathrm{F}}}{R_1}\right)\frac{1}{RC\omega_0}$；$\omega_0=\sqrt{\frac{1}{R_2C^2}\left(\frac{1}{R}+\frac{1}{R_3}\right)}$；$Q=\frac{\omega_0}{B}$代表频率选择性能；$B=\frac{1}{C}\left(\frac{1}{R}+\frac{2}{R_2}-\frac{R_{\mathrm{F}}}{R_1R_3}\right)$代表频带宽。这种电路的优点是改变 $R_{\mathrm{F}}$ 和 $R_1$ 的比例就可改变频带宽而不影响中心频率。

## 7.3.4　互相关分析

常用的测量两个突发型声发射波之间时差的技术不适用于连续型声发射源，而互相关技术既适用于断续波之间的时差或时间延迟测量，也适用于连续波之间的时差或时间延迟测量。这一技术已被成功地应用于声学检测的管道泄漏源定位。

任意一个波 $A(t)$ 和另一个延迟时间为 $\tau$ 的波 $B(t+\tau)$ 之间的广义互相关函数（GCC）可由式（7-5）给出：

$$R_{\mathrm{AB}}(\tau)=\frac{1}{T}\int_0^T A(t)B(t+\tau)\mathrm{d}t \tag{7-5}$$

式中，$T$ 为一个有限的时间间隔。

从式（7-5）可见，如果 $\tau$ 是变化的，则互相关函数是 $\tau$ 的函数。则 $R_{\mathrm{AB}}(\tau)$ 的特性可以通过将 $A(t)$ 和 $B(t)$ 分成 $n$ 个小的相等时间段的积来观察。

令 $t=t_i, A(t)=a_i, B(t)=b_i(i=0,1,2,\cdots,n)$，如果 $B(t)$ 相对于 $A(t)$ 有一段时间延迟 $\tau'$，则

$$\begin{cases}R_{\mathrm{AB}}(\tau_j)=\sum\limits_{i=0}^{n}a_{i+j}b_i, j=0,1,2,\cdots,n\\ R_{\mathrm{AB}}(\tau_j)=\sum\limits_{i=0}^{n}a_ib_{i-j}, j=-1,-2,\cdots,-n\\ R_{\mathrm{AB}}(\tau_j)=\sum\limits_{i=0}^{n}a_ib_i, j=0\end{cases} \tag{7-6}$$

式中，$a_{i+j}$ 和 $b_{i-j}$ 的下标随着 $R_{\mathrm{AB}}(\tau_j)$ 中 $\tau_j$ 的变化而变化。

互相关函数是在有限时间范围内积分。在实际应用中，数据采样仅利用了每个波的有限部分。而在被利用部分之外的波幅为零，即如果 $i>n$，则 $a_i=b_i=0$；如果 $j>0$ 且 $i+j>n$，则 $a_{i+j}=0$；如果 $j<0$ 且 $i+j>n$，则 $b_{i-j}=0$。因

此，当 $|j|$ 增加时，$|i+j|$ 增加，式中的某些求和项将为零。随着 $|j|$ 的增加，求和项数将越来越少，$R_{AB}(\tau_j)$ 的幅值逐渐下降。最终，当 $|j|>n$，所有的 $a_{i+j}$ 和 $b_{i-j}$ 项为零，$R_{AB}(\tau_j)=0$。当 $\tau_j=\tau'$ 时，由于 $A$ 和 $B$ 同相位，则 $R_{AB}(\tau_j')$ 达到最大值。因此，从 $R_{AB}(\tau_j)$ 的最大峰值部位可以获得 $B(t)$ 相对于 $A(t)$ 的时差或时间延迟 $\tau'$。

### 7.3.5 定位

上文提到，决定采用基于时延（TDOA）的定位算法。算法确立后，需要结合实际情况及物理模型选择合适的阵列。目前，广泛应用的有空间阵列、圆阵列、平面阵列。根据锅炉炉膛的形状及空间限制，选择将四个声音传感器采用空间布置，并组成一个四个测点的空间阵列。

声音传感器阵列与泄漏声源的相对位置关系如图 7-8 所示，建立空间直角坐标系。声音传感器的坐标分别为 $S_0(x_0, y_0, z_0)$、$S_1(x_1, y_1, z_1)$、$S_2(x_2, y_2, z_2)$、$S_3(x_3, y_3, z_3)$。为简化计算，将 $S_0$ 声音传感器的坐标里面的数值设置为0，即固定在坐标原点。$S_1$、$S_2$、$S_3$ 声音传感器的坐标可以根据布置位置对应更改 $x_i$、$y_i$、$z_i$ 的数值。假定声源 $A$ 在空间直角坐标系中为理想声源——点声源，坐标为（$x$，$y$，$z$），并以球面的方式进行传播。根据两点之间的距离公式，声源 $A$ 可以和声音传感器 $S_0$、$S_1$、$S_2$、$S_3$ 联立起来，建立一个非线性方程组，简化如下：

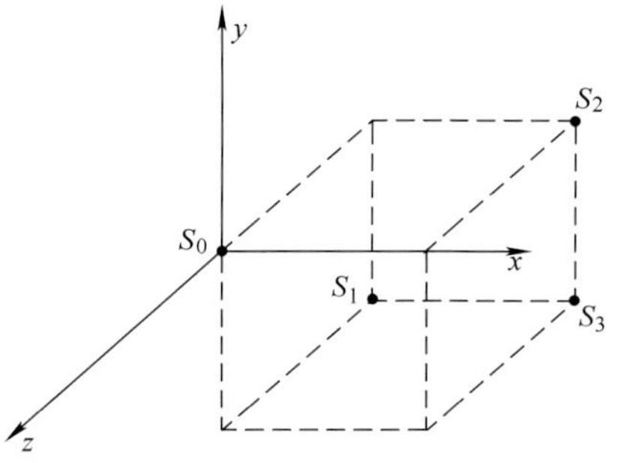


**图 7-8　声音传感器阵列与泄漏声源的相对位置关系**

$$x x_i + y y_i + z z_i + d_i\sqrt{x^2+y^2+z^2} = \frac{(r_i^2 - d_i^2)}{2} \quad (i=1,2,3) \tag{7-7}$$

式中：$d_i$ 为声源到传感器 $S_i$ 与到坐标原点的距离差（两个传感器的声程差）（m）；$r_i$ 为传感器 $S_i$ 到坐标原点，也就是 $S_i$ 与 $S_0$ 的距离（m）。

牛顿迭代法是求解非线性方程组的重要方法之一，且适合 MATLAB 编程。经初步计算发现其求解效果理想，故决定采用牛顿迭代法作为该非线性方程组（定位方程组）的求解方法。

# 第 8 章

# 系统检测实例

## 8.1 传感器支架设计

传声器阵列的形状需经精心设计，才能满足算法要求。常见阵列形式有直线阵列、圆形阵列、十字形阵列、四面体阵列、螺旋阵列等，且针对不同声源及不同应用环境，阵列形式与尺寸也相应不同。目前市场上的阵列支架主要是一体成形结构，不可调整其样式与尺寸，灵活度很低；同时一体成形式阵列架体积较大，便携性不好。此外，传声器的摆放位置极大地影响定位的准确度，需降低传声器的安装误差。

在此本项目研究者提出了一种用于声源定位的多功能模块化传声器固定支架，以解决阵列中传声器定位难的问题。

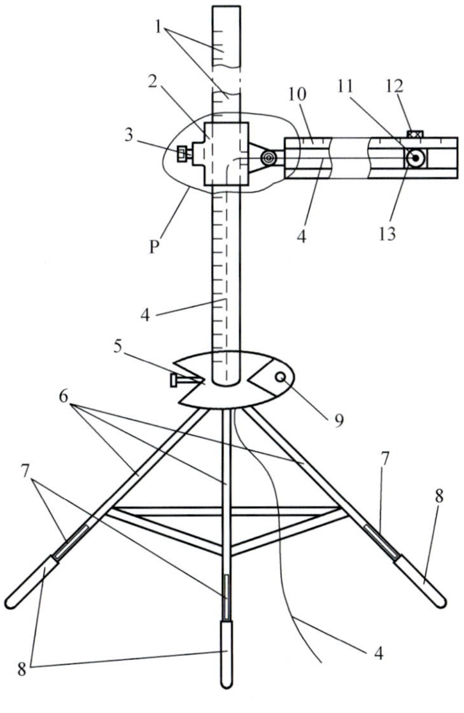


**图 8-1　传感器支架结构图**

1—主支撑杆　2—竖直滑块　3—第一紧固螺钉　4—数据线　5—支撑底座　6—三角支架　7—支架水平调整螺纹　8—支架水平调整套　9—气泡水平仪　10—水平滑杆　11—传声器　12—第二紧固螺钉　13—水平滑块

用于声源定位的多功能模块化传声器固定支架，由多个单支架构成传声器阵列组成。单支架中，支撑底座水平安装在三角支架的顶端，气泡水平仪安装在支撑底座上，支撑底座上设置有用于安装主支撑杆的安装通孔；竖直滑块套装在主支撑杆上，并在竖直滑块一侧设置有用于第一紧固螺钉，竖直滑块另一侧径向设置有数据线用滑块通孔，且在竖直滑块上设置有与滑杆支架连接的滑块支架，滑杆支架位于水平滑杆一端；水平滑杆内设置用于放置水平滑块的滑杆内腔，水平滑杆上部开设有滑杆紧固滑槽，传声器安装在水平滑块上，水平滑块与第二紧固螺钉配合连接，数据线与传声器连接；采用模块化组合具有极大的灵活性，方便实验研究与测量工作，并降低支架制作成本。

单支架包括主支撑杆 1、竖直滑块 2、第一紧固螺钉 3、数据线 4、支撑底座 5、三角支架 6、支架水平调整螺纹 7、支架水平调整套 8、气泡水平仪 9、水平滑杆 10、传声器 11、第二紧固螺钉 12、水平滑块 13。

使用时，借用激光笔从主支撑杆 1 的上部空心口向下照射，通过激光笔在地面的投影为支架确定位置；接着观察底座上的气泡水平仪 9 判断支架是否放置水平。若气泡超出刻度线，需要调整支架直至水平。

将主支撑杆 1 拉伸至足够的高度，比对主支撑杆 1 上的刻度；将滑块 2 滑动到固定传声器所需高度，旋转紧固螺钉 13，固定滑块 2。

将滑杆 10 旋转到水平位置，滑动滑杆沟槽中的滑块 13，比对滑杆上部的刻度，将滑块 13 滑动到固定传声器所需的水平位置。

传声器高度与水平距离都确定后，将传声器垂直地插入滑块 13 的圆形孔洞中，旋转紧固螺钉，将传声器紧固。垫片起到保护的作用。

通过上述步骤，可将一个传声器精确地布置在空间中的某一位置。

## 8.2 区域定位试验

### 8.2.1 系统校准

试验前要对系统进行校准，其中重要的是要验证声音传感器的相位是否匹配。可将声源置于空间一点，通过改变传感器之间的距离，观察其相位差变化。

共做三组试验，将频率统一设置为 10kHz，声速为 340m/s。第一组，传感器之间相隔 0.3m；第二组，传感器之间相隔 1m；第三组，传感器之间相隔 2m。其时延值见表 8-1。

表 8-1 传感器初始相位差计算结果

| 传感器间距/m | 0.3 | 1 | 2 |
|---|---|---|---|
| 理论值/s | 0.00088 | 0.00294 | 0.00589 |
| 试验值/s | 0.0009 | 0.0029 | 0.0057 |
| 误差 | 2.3% | 1.4% | 3.2% |

由表 8-1 可知，传感器初始相位差的试验结果与理论值的误差在 4% 范围内，故认为试验平台所采用的声音传感器相位匹配度很好，可以深入试验。

### 8.2.2　系统定位精度试验

为了验证系统的定位性能、研究定位的影响因素，搭建了一套试验样机用于定位试验，样机构成如图 8-2 所示，样机测试实物如图 8-3 所示。样机中包含一个 MC102/550097 型电容传感器、一个 PMD－1608FS 型六通道同步采样数采集卡；两个供电器，一个 ThinkPad E430 型笔记本计算机及四个三脚架。

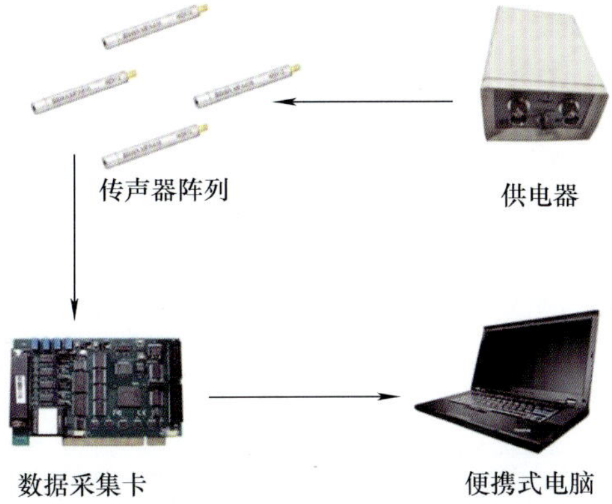


图 8-2　样机构成简图

图 8-3　样机测试实物图

试验设置的系统采样率为 100kHz，采样时长为 3s，分析点数为 2000 点，声源频率为 2000～3000Hz。四个传感器坐标为 $S_0$（0，0，0）、$S_1$（0，－0.5，－0.5）$S_2$（0.5，0，－0.5）、$S_3$（0.5，－0.5，－0.5），$S_0$ 设为参考传感器。

试验开始前，先测量当地声速。在（2，0，0）处发声 6 次，测得相距 0.5m 的 1 号、2 号传声器的平均时差为 0.00144s，故当地声速为 347.22m/s。

为了验证系统对于空间中任意位置定位的有效性，测点位置需要有随机性。研究中用 MATLAB 中的 round（rand（1，10）×5）函数在空间中随机生成 10 个位置点，再将声源放置在这 10 个位置做定位测试。测试点坐标分别是（1.5，0，1）、（2，0，0）、（2.5，1，0.8）、（1，0.8，1）、（2，1.5，2.5）、（0.6，1.3，2.5）、（0，0.2，1）、（0，0.8，2）、（0.95，0，1.5）、（1.5，0，3）。声源为手持式扩音器，声音清晰响亮，便于移动。

以时域图的形式显示同步采集到的四路信号，从图 8-4 中可以观察出它们有明显的相位差。计算它们的信噪比，SNR＝12，可以进行互相关运算。由互相关算法计算各个传感器与参考传感器之间的时间延迟，得到$\mathrm{Delay}_{0-1}$、$\mathrm{Delay}_{0-2}$、$\mathrm{Delay}_{0-3}$三个时延值。最后将时延值、声速、传感器坐标代入定位方程（4），用牛顿迭代法求解之，即可得到声源坐标。定位结果列于表 8-2 中，定位结果三维图示与测点位置对比如图 8-5 所示。定位试验结果表明，系统可以实现实时的较为准确的三维定位。定位系统对不同位置声源的定位误差在 30cm 以内，相对误差在 3% ~20% 之间。

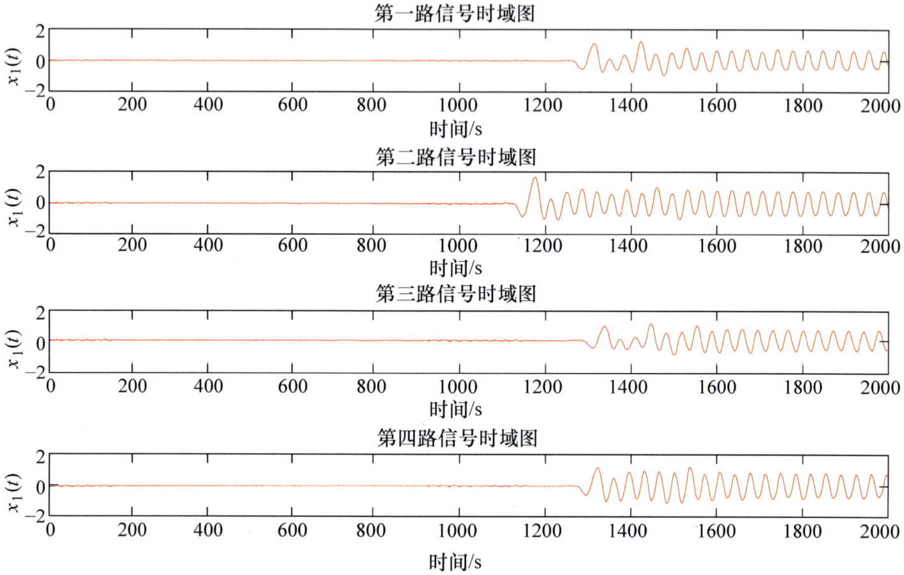


图 8-4　四个传感器所采集信号时域图

表 8-2　定位试验结果

| 编号 | 测点坐标 | 定位坐标 | 相对误差 |
|---|---|---|---|
| 1 号 | (1.5, 0, 1) | (1.42, 0.02, 0.90) | 7.19% |
| 2 号 | (2, 0, 0) | (1.62, 0.06, −0.03) | 19.29% |
| 3 号 | (2.5, 1, 0.8) | (2.44, 0.98, 0.77) | 2.49% |
| 4 号 | (1, 0.8, 1) | (1.26 , 0.90, 1.06) | 17.54% |
| 5 号 | (2, 1.5, 2.5) | (2.29, 1.80, 2.96) | 17.57% |
| 6 号 | (0.6, 1.3, 1.5) | (0.47, 1.10, 1.28) | 15.65% |
| 7 号 | (0, 0.2, 1) | (0.05, 0.16, 0.98) | 6.58% |
| 8 号 | (0, 0.8, 2) | ( −0.09, 0.57, 1.66) | 19.51% |
| 9 号 | (0.95, 0, 1.5) | (0.91, 0.02, 1.54) | 3.38% |
| 10 号 | (1.5, 0, 3) | (1.39, −0.09, 2.76) | 8.32% |

定位结果显示，系统可以实现三维空间内任意方位的定位，但是定位精度仍有提升的空间。影响定位结果的参数主要有传声器固定位置、传声器阵列尺寸与形式、时延值、声源频率。下面将逐一对这些参数进行研究。

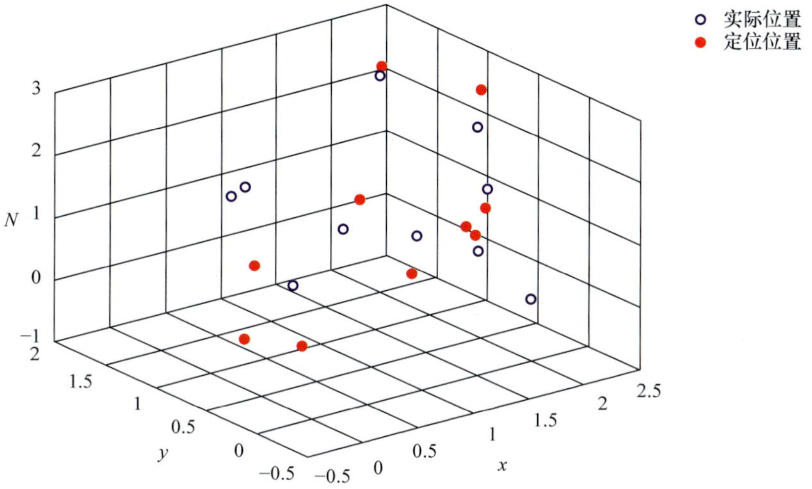


图 8-5 定位结果三维图示与测点位置对比

## 8.2.3 定位精度影响因素分析

### 1. 采样率对时延误差与定位误差的影响

香农采样定理指出，只有采样频率大于原始信号频谱中最大频率的 2 倍，采样结果才能恢复原始信号的特征。因此，在选择采样率时，必须对被测信号进行分析，确定信号中最高次谐波频率，然后根据香农定理来确定采样频率；在确定最高次谐波频率（或截止频率）时，要求被测参量信号中去除了高于所确定的最高次谐波频率成分后，仍然应保留其主要特征，这样才不会造成测量精度的下降或测量信号的失真。在实际使用中，采样率设置为输入信号最高频率的 3 ~ 5 倍。如果采样率过高，则虽然被测量的精度高，就要求 A/D 转换器的转换速率快，且数据量大，即对处理器的数据处理速度和处理能力有更高的要求；相应地，系统成本也会增加。反之，如果采样率过低，则会使采样结果无法恢复原始的模拟信号，造成测量结果的失真和出现错误。

测试所用声源的频率在 2.5 ~ 3.5kHz 之间，为保证测量结果不失真，采样率的下限根据香农采样定理确定为 10kHz。目前的大部分参考文献中，采样率参数的设置仅仅只参考香农采样定理，本书作者觉得是不够的。因为声源定位对时延值的精度要求很高。通过测试发现，采样率设置为 100kHz，对应的时延值精度为 $1 \times 10^{-5}$s，定位结果的误差才会减小到系统误差以内（本装置误差在 4% 以内）。因此，使采样率以 10kHz 为步长从 10kHz 变化到 100kHz，共进行 10

组测试，对比时延估计值与理论值的偏差，结果见表 8-3。系统目前有四个传感器采集声源信息，因此，对应有三组时延值 $\tau_1$、$\tau_2$、$\tau_3$。

表 8-3 ~ 表 8-5 结果表明，在一定范围内，增大采样率会降低时延值误差。尤其是采样率从 10kHz 变化到 50kHz 时，时延值的误差随着采样率的增大而显著减小。但是当采样率增大到 50kHz 及以上时，时延值的误差虽然还在降低，降低的幅度却没有之前明显。并且提高采样率，需要采集更多的环境声音信号，会给滤波增加难度。综合考虑，在进行声源定位测试时，将采样率设置为 100kHz。

**表 8-3 不同采样率对时延值 $\tau_1$ 的影响**

| 采样率/kHz | 时延值 $\tau_1$ | | 误差 |
|---|---|---|---|
| | 试验值/s | 理论值/s | |
| 10 | -0.0010 | -0.00098 | 2.04% |
| 20 | -0.00095 | | 3.06% |
| 30 | -0.00096 | | 2.04% |
| 40 | -0.00096 | | 2.04% |
| 50 | -0.00098 | | 0.00% |
| 60 | -0.00098 | | 0.00% |
| 70 | -0.00098 | | 0.00% |
| 80 | -0.00098 | | 0.00% |
| 90 | -0.00098 | | 0.00% |
| 100 | -0.00098 | | 0.00% |

**表 8-4 不同采样率对时延值 $\tau_2$ 的影响**

| 采样率/kHz | 时延值 $\tau_2$ | | 误差 |
|---|---|---|---|
| | 试验值/s | 理论值/s | |
| 10 | -0.0007 | -0.00076 | 7.89% |
| 20 | -0.0008 | | 5.26% |
| 30 | -0.00073 | | 3.94% |
| 40 | -0.00072 | | 5.26% |
| 50 | -0.00072 | | 5.26% |
| 60 | -0.00072 | | 5.26% |
| 70 | -0.00073 | | 3.94% |
| 80 | -0.00073 | | 3.94% |
| 90 | -0.00075 | | 1.32% |
| 100 | -0.00074 | | 2.63% |

上文详细分析了采样率对时延值的影响。随着采样率提高，时延值的误差会下降。但时延值只是一个很关键的中间变量，为获得声源的真实位置，需进行不同采样率的声源定位测试。表 8-6 给出不同采样率对定位结果与泄漏点坐标的对比。

表 8-6 的结果表明，在利用牛顿迭代进行定位结果运算时，采样率越高，定位结果会越接近于声发射源的真实位置。为进一步获得采样率对定位结果的影响，可计算出不同采样率对应的定位结果的相对误差 $\sigma$。定位结果的相对误差 $\sigma$ 可根据式（8-1）进行计算：

$$\sigma = \sqrt{(x_1 - x)^2 + (y_1 - y)^2 + (z_1 - z)^2} / \sqrt{x^2 + y^2 + z^2} \tag{8-1}$$

式中：$(x_1, y_1, z_1)$ 为定位结果；$(x, y, z)$ 为声发射源的坐标。

表 8-5　不同采样率对时延值 $\tau_3$ 的影响

| 采样率/kHz | 时延值 $\tau_3$ | | 误差 |
|---|---|---|---|
| | 试验值/s | 理论值/s | |
| 10 | -0.0005 | | 5.66% |
| 20 | -0.0045 | | 15.09% |
| 30 | -0.0049 | | 7.54% |
| 40 | -0.0005 | | 5.66% |
| 50 | -0.00052 | -0.00053 | 3.77% |
| 60 | -0.00052 | | 3.77% |
| 70 | -0.00052 | | 3.77% |
| 80 | -0.00052 | | 3.77% |
| 90 | -0.00054 | | 1.89% |
| 100 | -0.00054 | | 1.89% |

表 8-6　采样率对定位结果与泄漏点坐标的对比影响

| 采样率/kHz | 定位结果/m | 泄漏点坐标/m |
|---|---|---|
| 10 | (1.54, 1.19, 2.06) | |
| 20 | (1.74, 1.11, 2.00) | |
| 30 | (1.48, 1.09, 1.84) | |
| 40 | (1.46, 1.10, 1.83) | |
| 50 | (1.63, 1.26, 2.10) | (2, 1.5, 2.5) |
| 60 | (1.63, 1.26, 2.10) | |
| 70 | (1.70, 1.29, 2.16) | |
| 80 | (1.70, 1.29, 2.16) | |
| 90 | (1.96, 1.50, 2.46) | |
| 100 | (1.95, 1.52, 2.34) | |

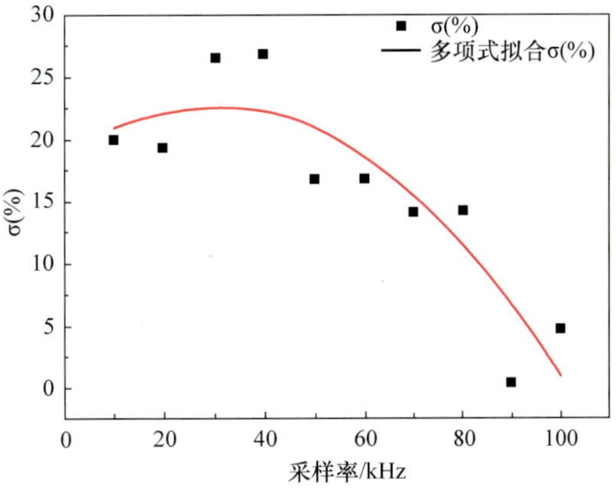


图 8-6　采样率对定位结果的影响

根据式（8-1）计算得出各种采样率测试对应的定位结果的相对误差 $\sigma$，如图 8-6 所示。从图 8-6 可以看出，采样率从 10kHz 增大到 100kHz 的过程中，定位结果的相对误差 $\sigma$ 从整体变化趋势上来看，是变小的。表明随着采样率的增大，定位结果变得越来越准确。具体来看，采样率从 10kHz 增大到 50kHz 时，定位结果的相对误差 $\sigma$ 从 0.8m 左右减小到 0.6m 左右；采样率从 50kHz 增大到 100kHz 时，定位结果的误差 $\sigma$ 从 0.5m 左右减小到 0.1m 左右。故提高采样率，对提高定位结果的精度有显著作用。所以，无论是采购硬件设备、搭建试验装置，还是改善算法，都应慎重考虑采样率参数的设定。

从理论、实际测试的结果来看，只要检测装置的硬件设备性能能满足要求，采样率设置得越高，检测装置的定位性能越好。综合考虑本检测装置硬件设备的性能、软件的数据处理能力，采样率设置为 100kHz 比较合适。

**2. 声速对定位结果的影响**

从定位方程可以看出，定位结果还受声速等因素的影响。声音在空气中传播时，速度会受温度的影响。根据声学理论可知，对于空气，声波的传播速度为

$$c_t = 331.6 + 0.6 \cdot t \tag{8-2}$$

式中，$c_t$ 单位为℃。

当温度误差控制在 ±2.5℃范围内时，由此引入的声速误差为 $0.6 \times 2.5 = 1.5$m/s。当天温度在 15℃，声速在 340m/s ±1.5m/s 变化，声速对定位结果的影响如图 8-7 所示。

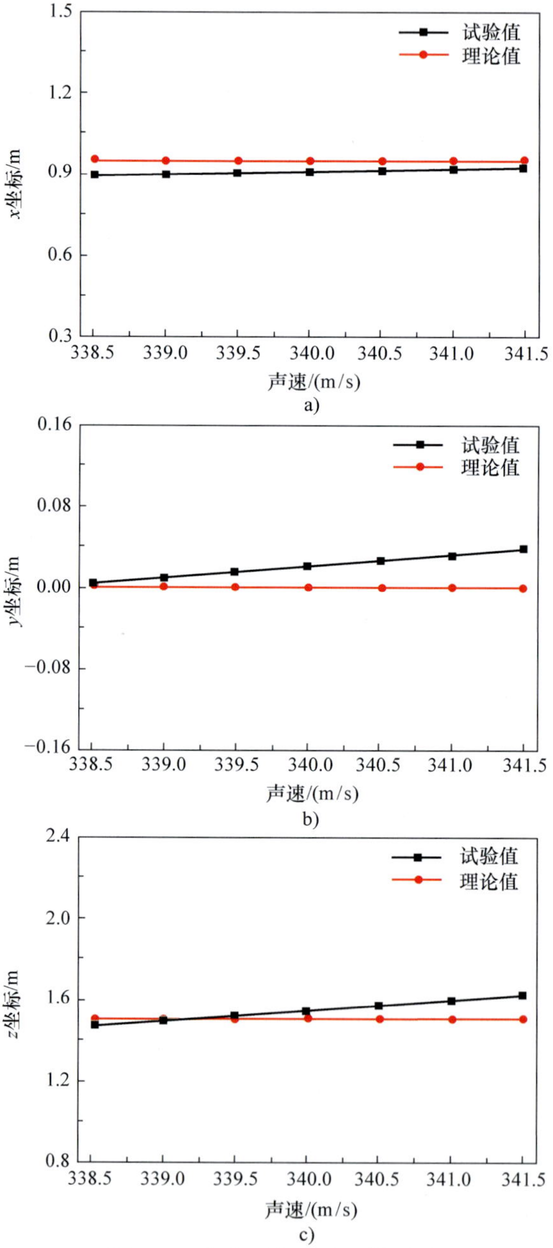


**图 8-7 声速对定位结果的影响**

a）$x$ 轴方向 b）$y$ 轴方向 c）$z$ 轴方向

图 8-7 结果表明：①声速对定位结果的影响是线性的、正相关的。在其他影响因素保持不变的前提下，计算的声速偏大，会造成定位结果偏大；计算的声速偏小，会造成定位结果偏小。②声速在 340m/s ±1.5m/s（0～0.44% 的误差范围）变化，$x$ 方向的定位误差在 2.78%～5.73%，$y$ 方向的定位误差在 0.0039～0.0376m，$z$ 方向的定位误差在 0.58%～8.00%，对定位结果的影响很大。③在一般的环境中，声速只受温度影响，很好计算。但是在锅炉炉膛等复杂环境中，声速不仅受温度、湿度、压力等因素的影响，还牵涉折射、反射，声速如何确定，应慎重考虑。

**3. 阵列尺寸测量误差的影响**

在进行声源定位测试过程中，需要在界面输入阵列尺寸 $D$ 的数值。但是阵列尺寸 $D$ 在界面输入的数值大小往往和阵列实际摆放的尺寸存在差异。把这个差异定为 $\sigma_c$，它会导致计算的定位结果有偏差，这个偏差的相对误差定为 $\sigma_d$，其结果的影响如图 8-8 所示。

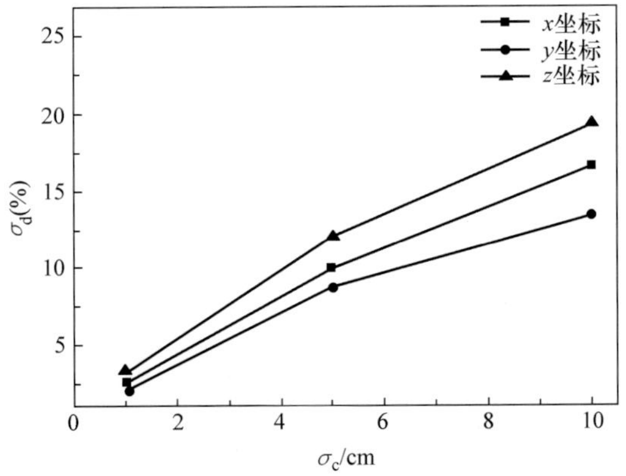


**图 8-8 阵列尺寸的测量误差对定位结果的影响**

由图 8-8 所示，当阵列尺寸的测量误差 $\sigma_c$ 为 1cm 时，定位结果的相对误差 $\sigma_d$ 在 2.5% 左右；当阵列尺寸的测量误差 $\sigma_c$ 为 5cm 时，定位结果的相对误差 $\sigma_d$ 在 10% 左右；当阵列尺寸的测量误差 $\sigma_c$ 为 10cm 时，定位结果的相对误差 $\sigma_d$ 在 17.5% 左右；随着阵列尺寸的测量误差 $\sigma_c$ 增大，定位结果的相对误差 $\sigma_d$ 也会随着增大。

因此，正式测试前有必要对传感器的阵列尺寸进行校正，其具体步骤如下。首先在测试区域内某位置发声并记录发声点位置。接着调整定位程序中阵列尺寸 $D$ 的数值大小，调整范围不宜超过 ±50mm，直到计算出的定位结果与实际发声点的位置良好匹配。记录此时的阵列尺寸 $D$，即为校准后的实际声音传感器的阵列尺寸。为保证声音传感器的阵列尺寸 $D$ 的准确性，可以采取多个已知位置的发声点进行校准，再对阵列尺寸 $D$ 取平均值。

按照上述方法，首先进行了近距离声源定位测试，阵列尺寸校准前的定位结果见表8-7，阵列尺寸校准后的定位结果见表8-8；然后进行了远距离声源定位试验，阵列尺寸校准前的定位结果见表8-9所示，阵列尺寸校准后的定位结果见表8-10。

**表8-7　近距离声源定位测试，阵列尺寸校正前的定位结果**

| 试验 | 时延值/s | | 阵列尺寸/m | 声源位置/m | | |
|---|---|---|---|---|---|---|
| | | | | 计算值 | 真实值 | 相对误差 |
| 1 | $\tau_2$ | -0.00161 | 0.75 | (1.20, 0.13, 0.73) | (1.79, 0.00, 0.84) | 31.06% |
| | $\tau_1$ | -0.00059 | | | | |
| | $\tau_3$ | 0.00037 | | | | |
| 2 | $\tau_2$ | -0.00197 | | (1.71, 0.17, 0.62) | (2.87, 0.00, 0.84) | 39.89% |
| | $\tau_1$ | -0.00031 | | | | |
| | $\tau_3$ | 0.00024 | | | | |
| 3 | $\tau_2$ | -0.00204 | | (1.87, 0.24, 0.55) | (3.94, 0.00, 0.84) | 52.23% |
| | $\tau_1$ | -0.0002 | | | | |
| | $\tau_3$ | 0.00015 | | | | |
| 4 | $\tau_2$ | -0.00208 | | (2.05, 0.26, 0.52) | (4.85, 0.00, 0.84) | 57.50% |
| | $\tau_1$ | -0.00015 | | | | |
| | $\tau_3$ | 0.00012 | | | | |

**表8-8　近距离声源定位测试，阵列尺寸校正后的定位结果**

| 试验 | 时延值/s | | 阵列尺寸/m | 声源位置/m | | |
|---|---|---|---|---|---|---|
| | | | | 计算值 | 真实值 | 相对误差 |
| 1 | $\tau_2$ | -0.00161 | 0.716 | (1.29, 0.08, 0.75) | (1.79, 0.00, 0.84) | 26.01% |
| | $\tau_1$ | -0.00059 | | | | |
| | $\tau_3$ | 0.00037 | | | | |
| 2 | $\tau_2$ | -0.00197 | | (2.25, 0.09, 0.80) | (2.87, 0.00, 0.84) | 20.99% |
| | $\tau_1$ | -0.00031 | | | | |
| | $\tau_3$ | 0.00024 | | | | |
| 3 | $\tau_2$ | -0.00204 | | (2.94, 0.14, 0.64) | (3.94, 0.00, 0.84) | 25.55% |
| | $\tau_1$ | -0.0002 | | | | |
| | $\tau_3$ | 0.00015 | | | | |
| 4 | $\tau_2$ | -0.00208 | | (4.86, 0.08, 0.71) | (4.85, 0.00, 0.84) | 3.11% |
| | $\tau_1$ | -0.00015 | | | | |
| | $\tau_3$ | 0.00012 | | | | |

**表 8-9 远距离声源定位测试，阵列尺寸校正前的定位结果**

| 试验 | 时延值/s | | 阵列尺寸/m | 声源位置/m | | |
|---|---|---|---|---|---|---|
| | | | | 计算值 | 真实值 | 相对误差 |
| 1 | $\tau_2$ | -0.00212 | 0.75 | (3.08, 0.32, 0.70) | (14.00, 0.00, 1.12) | 77.84% |
| | $\tau_1$ | -0.00023 | | | | |
| | $\tau_3$ | 0.00004 | | | | |
| 2 | $\tau_2$ | -0.00211 | | (3.52, 0.49, 0.81) | (14.00, 0.70, 1.12) | 74.57% |
| | $\tau_1$ | -0.00027 | | | | |
| | $\tau_3$ | -0.00007 | | | | |
| 3 | $\tau_2$ | -0.00211 | | (3.62, 0.71, 0.68) | (14.00, 1.40, 1.12) | 73.77% |
| | $\tau_1$ | -0.00018 | | | | |
| | $\tau_3$ | -0.0002 | | | | |
| 4 | $\tau_2$ | -0.0021 | | (3.83, 0.91, 0.63) | (14.00, 2.10, 1.12) | 72.19% |
| | $\tau_1$ | -0.00014 | | | | |
| | $\tau_3$ | -0.0003 | | | | |
| 5 | $\tau_2$ | -0.00207 | | (4.32, 1.23, 0.76) | (14.00, 3.50, 1.12) | 68.74% |
| | $\tau_1$ | -0.00019 | | | | |
| | $\tau_3$ | -0.00042 | | | | |
| 6 | $\tau_2$ | -0.00212 | | (2.94, 0.25, 0.68) | (14.00, -0.70, 1.12) | 79.00% |
| | $\tau_1$ | -0.00023 | | | | |
| | $\tau_3$ | 0.00009 | | | | |
| 7 | $\tau_2$ | -0.00211 | | (2.62, 0.11, 0.66) | (14.00, -1.40, 1.12) | 81.40% |
| | $\tau_1$ | -0.00024 | | | | |
| | $\tau_3$ | 0.00021 | | | | |
| 8 | $\tau_2$ | -0.00209 | | (2.36, -0.05, 0.66) | (14.00, -2.10, 1.12) | 83.29% |
| | $\tau_1$ | -0.00026 | | | | |
| | $\tau_3$ | 0.00037 | | | | |

**表 8-10 远距离声源定位测试，阵列尺寸校正后的定位结果**

| 试验 | 时延值/s | | 阵列尺寸/m | 声源位置/m | | |
|---|---|---|---|---|---|---|
| | | | | 计算值 | 真实值 | 相对误差 |
| 1 | $\tau_2$ | -0.00212 | 0.7275 | (14.59, 0.09, 1.94) | (14.00, 0.00, 1.12) | 7.22% |
| | $\tau_1$ | -0.00023 | | | | |
| | $\tau_3$ | 0.00004 | | | | |

（续）

| 试验 | 时延值/s | | 阵列尺寸/m | 声源位置/m | | |
|---|---|---|---|---|---|---|
| | | | | 计算值 | 真实值 | 相对误差 |
| 2 | $\tau_2$ | −0.00211 | 0.7275 | (14.18, 0.83, 2.17) | (14.00, 0.70, 1.12) | 7.63% |
| | $\tau_1$ | −0.00027 | | | | |
| | $\tau_3$ | −0.00007 | | | | |
| 3 | $\tau_2$ | −0.00211 | | (13.96, 1.68, 1.55) | (14.00, 1.40, 1.12) | 7.71% |
| | $\tau_1$ | −0.00018 | | | | |
| | $\tau_3$ | −0.0002 | | | | |
| 4 | $\tau_2$ | −0.0021 | | (14.62, 2.44, 1.34) | (14.00, 2.10, 1.12) | 5.21% |
| | $\tau_1$ | −0.00014 | | | | |
| | $\tau_3$ | −0.0003 | | | | |
| 5 | $\tau_2$ | −0.00207 | | (14.44, 3.28, 1.68) | (14.00, 3.50, 1.12) | 5.15% |
| | $\tau_1$ | −0.00019 | | | | |
| | $\tau_3$ | −0.00042 | | | | |
| 6 | $\tau_2$ | −0.00212 | | (15.23, −0.28, 2.01) | (14.00, −0.70, 1.12) | 11.20% |
| | $\tau_1$ | −0.00023 | | | | |
| | $\tau_3$ | 0.00009 | | | | |
| 7 | $\tau_2$ | −0.00211 | | (15.03, −1.35, 2.07) | (14.00, −1.40, 1.12) | 9.93% |
| | $\tau_1$ | −0.00024 | | | | |
| | $\tau_3$ | 0.00021 | | | | |
| 8 | $\tau_2$ | −0.00209 | | (13.03, −1.95, 1.98) | (14.00, −2.10, 1.12) | 9.19% |
| | $\tau_1$ | −0.00026 | | | | |
| | $\tau_3$ | 0.00037 | | | | |

从表8-7、表8-8结果的对比及表8-9、表8-10结果的对比，可以发现阵列尺寸的校准是非常有必要的。阵列尺寸经校准后，定位结果精度的提升非常明显。

**4. 声源种类对互相关计算的影响**

（1）脉冲信号　信号发生器生成单个脉冲信号，用互相关函数进行分析、处理。从图8-9可看出，$x_1$ 红色信号和 $x_2$ 蓝色信号确实存在很明显的相位差，且 $x_1$ 红色信号的相位会略微领先 $x_2$ 蓝色信号。图8-9右侧图互相关函数峰值很明显，在 −0.5～0s 时间段，具体计算值与实际值一致，为 −0.2s。

再进行深入计算，将 $x_1(t)$、$x_2(t)$ 两路函数的周期 $T$ 设置为50ms，相位差 $\beta$ 设置为［−15：5：115］ms，计算结果如图8-10所示。由图8-10可见，当声

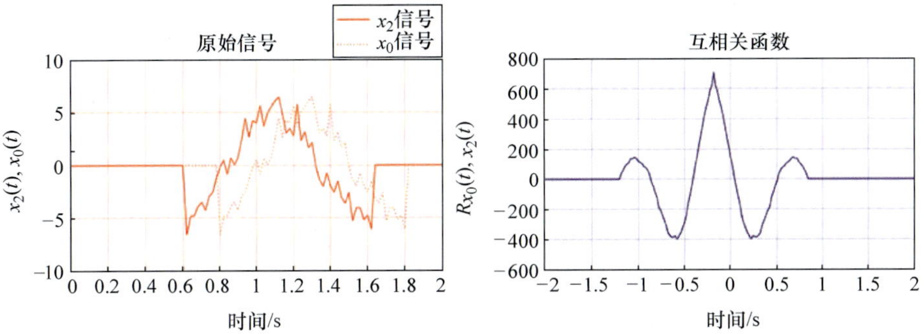


图 8-9　脉冲信号互相关波形

源为脉冲信号时，用互相关算法计算时延值很准确；无论相位差增大或减小，都不会对时延值结果产生影响。

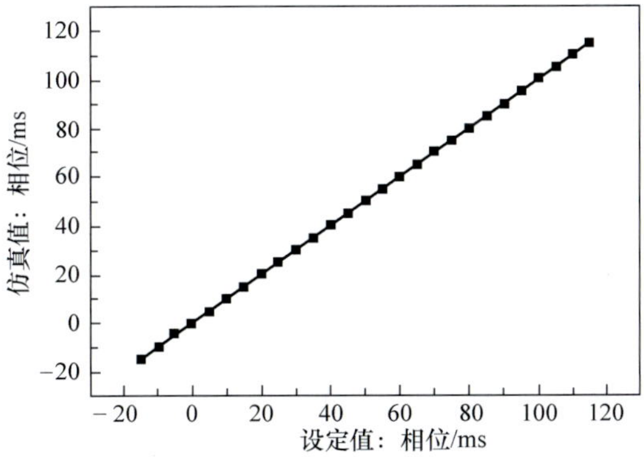


图 8-10　脉冲信号相位差计算结果

（2）连续周期信号　信号发生器生成连续周期信号，用互相关函数进行分析、处理（图 8-11）。

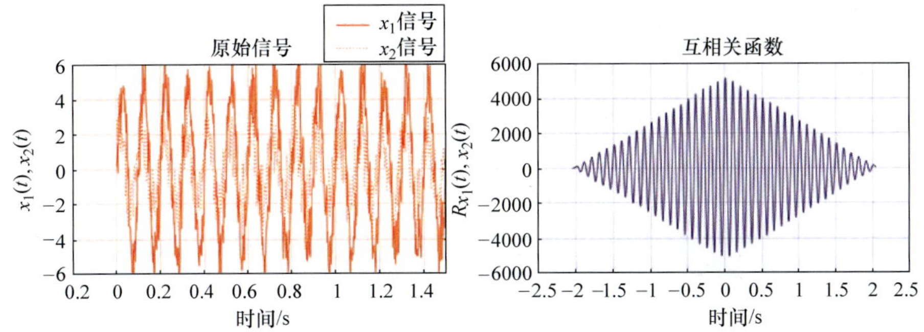


图 8-11　连续周期信号互相关波形

从图 8-11 可看出，$x_1$ 红色信号和 $x_2$ 蓝色信号确实存在很明显的相位差，且 $x_1$ 红色信号的相位会略微领先 $x_2$ 蓝色信号。图 8-11 互相关函数峰值很明显，在 0 时刻附近，具体计算值与实际值一致，为 0.02s。

再进行深入计算，将 $x_1(t)$、$x_2(t)$ 两路函数的周期 $T$ 设置为 50ms，相位差 $\beta$ 设置为［−15：5：115］ms，计算结果如图 8-12 所示。由图 8-12 可见，当两个周期函数的时延值在其半个周期范围内变化，可以用互相关函数进行简单判别。但是当时延值超出其半个周期范围，时延值就不准确，呈现出一个周期性的变化规律，可以表示为 $\tau=\beta\pm N(T/2)$（$N$ 为整数）。

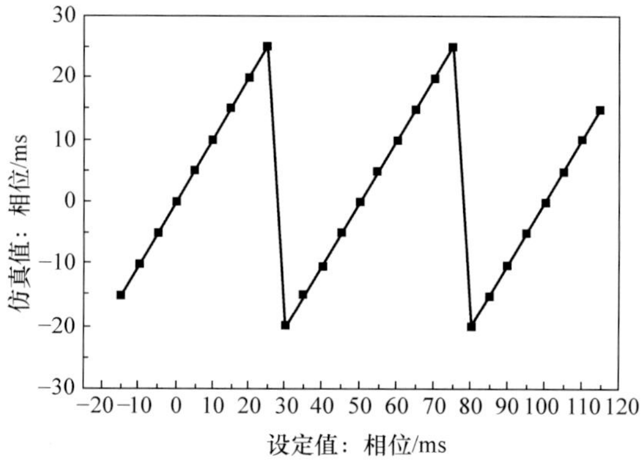


**图 8-12　连续周期信号相位差计算结果**

**5. 声源方位对定位结果的影响**

便携式锅炉炉管泄漏检测装置所采用的传感器都具有指向性，需考虑是否会因此导致无法识别、定位处于特定角度的声源。基于上述考虑，进行了不同声源方位的定位性能测试。声源分别处于图 8-13 所示的 1、2、3、4 位置，对应的角度为 90°、60°、30°、0°。不同声源方位的定位性能测试分别于室内、室外环境下进行，其结果见表 8-11、表 8-12。

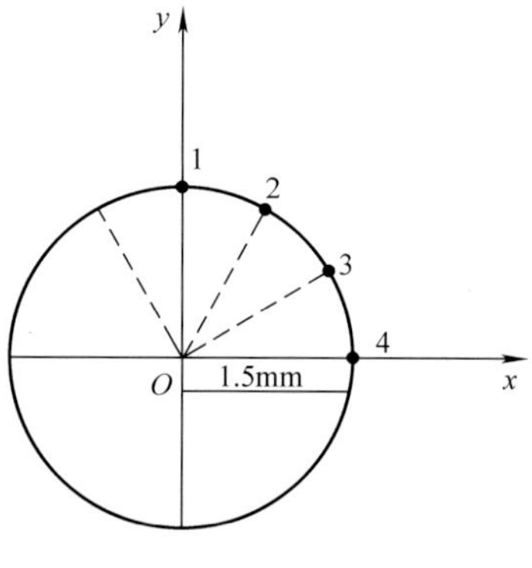


**图 8-13　声源方位示意图**

**表 8-11　室内声源定位**

| 编号 | 时延估计值/s | 时延真实值/s | 定位结果/m | 声发射源坐标/m | 角度/(°) | 定位误差 |
|---|---|---|---|---|---|---|
| $\tau_1$ | −0.00132 | −0.00136 | (0.00，1.13，0.42) | (0.00，1.50，0.50) | 90 | 13.62% |
| $\tau_2$ | −0.00021 | −0.00024 | | | | |
| $\tau_3$ | 0.00029 | 0.00023 | | | | |

（续）

| 编号 | 时延估计值/s | 时延真实值/s | 定位结果/m | 声发射源坐标/m | 角度/(°) | 定位误差 |
|---|---|---|---|---|---|---|
| $\tau_1$ | -0.00110 | -0.00111 | (0.69, 1.26, 0.55) | (0.75, 1.30, 0.50) | 60 | 5.55% |
| $\tau_2$ | -0.00030 | -0.00024 | | | | |
| $\tau_3$ | -0.00044 | -0.00049 | | | | |
| $\tau_1$ | -0.00054 | -0.00049 | (1.12, 0.73, 0.44) | (1.30, 0.75, 0.50) | 30 | 12.06% |
| $\tau_2$ | -0.00020 | -0.00024 | | | | |
| $\tau_3$ | -0.00104 | -0.00111 | | | | |
| $\tau_1$ | 0.00017 | 0.00023 | (1.21, 0.10, 0.41) | (1.50, 0.00, 0.50) | 0 | 20.22% |
| $\tau_2$ | -0.00019 | -0.00024 | | | | |
| $\tau_3$ | -0.00134 | -0.00136 | | | | |

**表 8-12　室外声源定位**

| 编号 | 时延估计值/s | 时延真实值/s | 定位结果/m | 声发射源坐标/m | 角度/(°) | 定位误差 |
|---|---|---|---|---|---|---|
| $\tau_1$ | -0.00139 | -0.00136 | (-0.02, 1.61, 0.46) | (0.00, 1.50, 0.50) | 90 | 7.51% |
| $\tau_2$ | -0.00019 | -0.00024 | | | | |
| $\tau_3$ | 0.00023 | 0.00023 | | | | |
| $\tau_1$ | -0.00106 | -0.00111 | (0.61, 1.03, 0.39) | (0.75, 1.30, 0.50) | 60 | 20.44% |
| $\tau_2$ | -0.00017 | -0.00024 | | | | |
| $\tau_3$ | -0.00045 | -0.00049 | | | | |
| $\tau_1$ | -0.00041 | -0.00049 | (1.23, 0.64, 0.45) | (1.30, 0.75, 0.50) | 30 | 8.83% |
| $\tau_2$ | -0.00022 | -0.00024 | | | | |
| $\tau_3$ | -0.00114 | -0.00111 | | | | |
| $\tau_1$ | 0.00020 | 0.00023 | (1.26, 0.06, 0.52) | (1.50, 0.00, 0.50) | 0 | 15.70% |
| $\tau_2$ | -0.00030 | -0.00024 | | | | |
| $\tau_3$ | -0.00130 | -0.00136 | | | | |

经测试发现，泄漏检测装置在不同的测试环境下（室内和室外）都具有较好的定位性能；其次，虽然检测装置采用的传感器具有指向性，但是处于传感器探头 0° ~ ±90°范围内的声源信号，都能被检测装置识别且定位。

## 8.2.4　试验结论

1）通过实际测试可知，便携式锅炉炉管泄漏检测装置的误差在 4% 以内，这是由装置的硬件设备，如传感器、数据采集卡的性能决定的。

2）通过实际测试可知，便携式锅炉炉管泄漏检测装置的定位结果的相对误差在20%以内，定位平均相对误差为11.75%，能满足工业测试要求。

3）分析互相关算法求取时延值的适用对象：针对脉冲信号，互相关算法的峰值明显，计算结果与理论结果吻合较好；针对连续周期信号，互相关算法没有明显的峰值，计算结果呈现出一个周期性的变化规律，可以表示为 $\tau=\beta\pm N(T/2)$（$N$ 为整数），与理论结果相差整数倍 $T/2$。

4）分析定位结果随采样率的变化规律：采样率从10kHz变化到100kHz过程中，随着采样率的提高，时延值误差会显著降低，因而定位结果变得越来越准确，越来越接近泄漏点的真实坐标。

5）分析定位结果随声速的变化规律：声速对定位结果的影响是线性的，正相关的。

6）分析定位结果随阵列尺寸的测量误差的变化规律：阵列尺寸校准前，定位结果的相对误差非常大，阵列尺寸校准后，定位结果的相对误差会有明显的降低。

# 第 9 章

# 锅炉炉管泄漏声学检测规程

## 9.1 声学检测程序

应用检测装置对锅炉压力管道进行声学检测时需要遵循科学的检测流程，其基本程序与要求列于表 9-1 中，其他声发射检测项目亦可参考此规程。

表 9-1 锅炉炉管泄漏声学检测基本程序

| 检测程序 | | 主要内容 |
|---|---|---|
| 准备 | 资料准备 | 1. 检测部件的总体结构图<br>2. 总装图、包括焊缝和关键部位<br>3. 压力管道的设计压力、使用压力、验收压力和运行数据<br>4. 预计的噪声发射源 |
| | 设备调试 | 1. 检查仪器外观完好，无损坏，无缺件<br>2. 核对各零件的编号，按要求连通设备<br>3. 开启电源，观察数采界面是否对信号正常响应 |
| | 传感器布置 | 1. 观察测试环境，放置传感器支架，调整支架水平<br>2. 传感器固定于支架上，调整阵列间距<br>3. 调整阵列朝向，使之针对预计发声源 |
| | 设置与校准 | 1. 检测参数设定<br>2. 检测仪校准<br>3. 各通道噪声水平检查<br>4. 检测系统通道灵敏度调整<br>5. 波速测量<br>6. 定位校准 |
| 预检测 | | 1. 启动测试声源发声<br>2. 记录测试声源的数据，观察波形显示与频率分布，检查系统设置、检测是否正确<br>3. 消除环境噪声<br>4. 根据定位结果记录固定误差 |
| 检测 | | 1. 移动传感器阵列，得到代表位置的检测结果<br>2. 观察不同位置的波形显示与计算结果，筛选正确数据<br>3. 对强噪声干扰和异常情况记录并采取临时措施 |
| 检测报告 | | 1. 检测条件设置<br>2. 典型数据、图表<br>3. 评定结果与建议 |

（续）

| 检测程序 | 主要内容 |
|---|---|
| 结果的解释与评定 | 1. 事后剔除无关信号和噪声干扰<br>2. 按照技术规范进行数据处理并得出数据图表<br>3. 按标准评定声源能级、给出位置估计 |

## 9.2 设置与校准

### 9.2.1 检测门槛设置

检测系统的灵敏度，即对小信号的检测能力，主要决定于传感器的灵敏度、传感器间距和检测门槛设置。其中，传感器灵敏度的高低是检测能力的基本条件。传感器间距增大，系统灵敏度会降低；材料衰减越大，会要求系统灵敏度提高。故门槛设置为其主要的可控制因素。

检测门槛，多用 dB（相对于传感器输出 1μV）来表示。检测门槛越低，系统检测得到的信息量越多；但同时越易受噪声的干扰。检测门槛越高，系统检测得到的信息量越少；虽可以排除噪声干扰，但也可能丢失很多幅度较低的信号，并有可能将一个信号当成几个信号处理。

因此，在灵敏度和噪声干扰之间应做折中选择。多数检测是在门槛为 35～55dB 的中灵敏度下进行，最为常用门槛值为 40dB。不同的门槛设置与适用范围见表 9-2。

表 9-2　门槛设置与适用范围

| 门槛/dB | 适用范围 |
|---|---|
| 25～35 | 高灵敏度检测，多用于低幅度信号或高衰减材料或基础研究 |
| 35～55 | 中灵敏度检测，广泛用于材料研究和构件无损检测 |
| 55～65 | 低灵敏度检测，多用于高幅度信号或强噪声环境下的检测 |

### 9.2.2 传感器一致性校准

传感器的一致性检测包括两方面，一方面是响应幅度检测，另一方面是相位检测。若系统设计了标准声源对传感器响应幅度进行检测，其检测方法为：连通设备后，将四个传感器分别与标准声源相连接；系统显示传感器响应声压与标准声压一致（偏差不超过 ±3dB），则可判定传感器响应正常。相位检测的方法是：将所有传感器置于与声源同等距离处，开始测试，观察信号波形中的响应时间是否一致；若一致，则可判定传感器相位具有一致性。

### 9.2.3　传感器间距

构件声发射检测所需传感数量，取决于试件大小和所选传感器间距。传感器间距又取决于波的传播衰减，而传播衰减值又来自铅笔芯模拟源实际测得的距离—衰减曲线。时差定位中，最大传感器间距所对应的传播衰减，不宜大于预定最小检测信号幅度与检测门槛值之差，例如：门槛值为 40dB，预定最小检测信号幅度为 70dB，则其衰减不宜大于 30dB。

在金属容器中，常用的传感器间距约为 1 ~ 6m。当材料结构复杂对声音衰减较大时，传感器间距不超过 1m。

## 9.3　传感器的安装布置

观察测试环境，放置传感器支架，调整支架水平。传感器固定于支架对应位置，特别注意被标号的传感器编号需与模型一一对应。根据刻度尺调整阵列间距为 0.5m。调整阵列朝向，使之正对预计发声源方向。

## 9.4　预检测

当前期准备工作完成后，开始设备预检测。首先启动测试声源发声，使系统接收测试声源与背景噪声。接着进入监控界面，利用界面的频谱分析与定位功能分析信号。观察界面中的波形显示与频率分布，记录环境噪声频率范围。比对定位结果与测试声源实际位置，检查系统设置、检测是否正确。

最后调整滤波器参数直至消除环境噪声，为正式检测做好准备。

## 9.5　检测方法

### 9.5.1　噪声的控制与抑制

在进行加载疲劳试验时，通常能发现丝杠驱动机械所产生的背景噪声显著小于伺服控制的疲劳试验机，而后者则比频率较高的谐振试验机稳定。可以采用测量方法来降低机器和夹具产生的噪声及其影响，它们可以分为如下四类。

（1）噪声抑制的电子方法　这里包括传感器工作频率的选择，如前端滤波等信号识别的采用，以及像负载选通和隔离通道等噪声抑制技术的应用。

（2）声阻尼方法　这里包括在加载装置上应用阻尼材料使工件与机器噪声隔离。

（3）设计和工件相配套的机械夹具　为了达到声的失配，以减少噪声从负载系统传至受检工件，夹具可采用不同声特性的材料。好的夹具设计还能将因其变形或滑动形成的寄生活动造成的噪声减少至最小。

（4）复合材料检测　因为结构和工艺的复杂性，还需要考虑两个附加因素，即：①材料的组成结构：正如成分相同、热处理方法不同的合金具有不同的声发射特征一样，不同纤维方向和铺层的纤维复合材料也有不同的声发射特性。②方向效应：纤维方向和加载的检验轴之间角度的变化将影响力学状态，从而影响声发射信号。

## 9.5.2　现场校准

由于很多材料、构件声发射的产生是不可逆的，要想进行重复检测来验证某次声发射检测的正确性是不可能的。即原来加载周期所具有的独特的声发射数据不可能再次出现。为了声发射检测的有效性和完整性，必须确保被检对象、加载程序、检测方案、探头安装、前方连接、试验设置、设备性能、环境噪声水平等各方面完全符合检测要求，且处于良好的工作状态。

为此，必须在声发射检测前采用现场校准方法对检测系统进行校准，它可以校核：①受检工件和辅助检测夹具的声发射传播特征；②声发射耦合的效率；③声发射传感器的灵敏度；④前置放大和其他声发射设备的运行情况。

在以校准为目的各类方法中，使与受检工件接触的铅芯折断来模拟声发射事件是很方便的。接触应力的快速释放能够模拟最是采用机械铅芯折断器，以确保模拟实际声发射事件的重复性。铅芯的长度及折断铅芯相对于受检件的回跳量都必须很好地控制。铅芯折断器对于来自受检工件和声发射传感器的波的传播必须隔离。通常采用 0. 5mm 直径的 HB 或 2H 铅芯，并能获得较好的结果。铅芯与构件表面的夹角通常为 30°，铅芯的伸长量为 2. 5mm。铅芯常常需要折断 3 或 4 次。一根铅芯开始的和最后的几次折断不应作为标准。

## 9.5.3　正式检测

正式检测分三步。第一步，挑选三个不同角度检测位置分别移动传感器阵列至这三个位置，进行三次测试，得到代表位置的检测结果；第二步，观察不同位置的波形显示与计算结果，主要观察不同位置声源强度，考虑声强最强下的定位结果作为最终结果；第三步，筛选出正确的数据。若遇到强噪声干扰和异常情况记录并采取临时措施。

# 9.6　数据解释与评价

炉管泄漏检测记录见表 9-3。

**表 9-3　炉管泄漏检测记录**

记录编号：

| | | | | | |
|---|---|---|---|---|---|
| 检测单位 | | | | 锅炉编号 | |
| 制造/安装单位 | | 公称容积 | $m^3$ | 工作介质 | |
| 设计压力/液位 | MPa/m | 材质 | | 几何尺寸 | |
| 操作压力/液位 | MPa/m | 公称壁厚 | mm | 投用日期 | |
| 历史泄漏情况 | | | | | |
| 当地温度风速 | | | | | |
| 执行标准 | | | | | |

| | | | | | | | |
|---|---|---|---|---|---|---|---|
| 检测方式 | | 仪器型号 | | | | 检测频率 | kHz |
| 阵列间距 | | 模型 | | 声速 | | 检测日期 | |

| | | | | | | | | | | | | | | | | | | | |
|---|---|---|---|---|---|---|---|---|---|---|---|---|---|---|---|---|---|---|---|
| 传感器灵敏度标定 | 模拟源 | | | 传感器平均灵敏度： dB | | | | | | | | 最大： dB | | | 最小： dB | | | | |
| | 传感器编号 | | | | | | | | | | | | | | | | | | |
| | 灵敏度/dB | | | | | | | | | | | | | | | | | | |
| | 传感器编号 | | | | | | | | | | | | | | | | | | |
| | 灵敏度/dB | | | | | | | | | | | | | | | | | | |

| | | | | | | | |
|---|---|---|---|---|---|---|---|
| 背景噪声 | < dB | 门槛电平 | dB | 增益 | dB | 模拟源 | |

| | | | | | | | | |
|---|---|---|---|---|---|---|---|---|
| 信号衰减记录 | 最大探头间距 | m | | 衰减测量探头号 | | | | |
| | 模拟源距离/m | | | | | | | |
| | 信号幅度/dB | | | | | | | |
| | 模拟源距离/m | | | | | | | |
| | 信号幅度/dB | | | | | | | |

| | | | | |
|---|---|---|---|---|
| 定位校准记录 | | | | |
| 校准阵列探头号 | | | | |
| | | | | |
| 校准结果 | | | | |

| | | | | | |
|---|---|---|---|---|---|
| 检测软件名称 | | 设置文件名称 | | 数据文件名称 | |

探头布置平面图：

加载程序图：

检测结果与评价结论：

相关附图：

| | | | |
|---|---|---|---|
| 检测： | 日期： | 审核： | 日期： |

## 9.7 检测标准与规范

20 世纪 80 年代，美国材料试验协会（ASTM）和机械工程协会（ASME）、日本无损检测协会（NDIS）、法国及欧洲声发射工作组（EWCMH）等，相继提出了有关声发射检测标准和规范，包括术语、检测仪性能测试和检测方法。其中，美国 ASTM 标准和 ASME 规范，因种类较全，内容较细而引人注意。

在我国，声发射检测标准化相对迟后于其他常规无损检测方法，但近年有了较大进展。检测术语、检测仪性能测试、钛合金压力容器检测方法，复合材料构件检测法和在役金属容器检测方法等已分别纳入国家标准、国家军用标准和行业标准，还有一些尚处在企业或内部标准阶段。最近国家标准《无损检测声发射检验声发射传感器的一次校准》和《无损检测 声发射检验声发射传感器的二次校准》正在编写中，GB/T 12604.4《无损检测术语 声发射检测》正在参照 ISO 12716：2001（E）进行修订。

在目前国内为数不多的声发射检测标准中，GJB 2044、QJ 2914、JB/T 7667 对我们的工作有很多的指导意义，这里我们将这几个具有代表性的标准主要介绍给大家。

### 9.7.1 GB/T 12604.4—2005《无损检测　术语　声发射检测》

声发射检测的术语是声发射检测技术的基础标准之一，该标准 1990 年制定，1991 年 12 月正式实施；2005 年经过一次修订。它规定了声发射检测的一般概念，声发射检测手段设备、器件和材料，声发射检测方法中使用的基本术语等。标准中对各术语都附有中英文对照和中文解释，这对于制定标准和指导性的技术文件及编写翻译教材、图书、刊物等出版物时起到规范用语的作用。实施十几年来由于声发射设备和检测技术的不断发展，再加上我国加入 WTO，许多标准需要和国际接轨，因此近年来开始组织进行对该标准的修订。在本书编写过程中该标准的新版本即将出炉，为了便于今后工作的一致性，编者在这里将不对该标准的老版本再做介绍。

### 9.7.2 GJB 2044—1994《钛合金压力容器声发射检测方法》

钛合金气瓶是国内将声发射检测技术正式应用于产品工序验收检测的第一例。从 20 世纪 70 年代开始研究至今，钛合金压力容器检测方法的制定历经了企业标准、航天部标准及国家军用标准三个阶段。该标准于 1994 年 9 月 12 日发布，1995 年 4 月 1 日正式实施。GJB 2044—1994《钛合金压力容器声发射检测方法》也是目前我国唯一的一个声发射国家军用标准。

该标准中 1.2 规定了其适用范围。其中规定到："本标准适用于直径不大于 1m 的钛合金压力容器。其他钛合金压力容器也可参照使用"。因此我们适用该标准尤其是直接套用标准附录 A 的判据时，一定要注意被检测对象尺寸大小，如新型大容置长寿命卫星上使用的大型钛合金卫星贮箱就不能直接套用该标准的判据。

在该标准中 4.2 规定的检测人员要求为"需要进行技术培训并考核合格方能上岗。……检测负责人要求相当工程师以上的专业技术人员担任。"这里需要注意的是：从 2003 年 10 月起，国防科技行业统一对无损检测 10 个专业从业人员进行资格认证，那么相应的人员要求也必须符合 GJB 9712—2002《无损检测人员的资格鉴定与认证》及各行业对无损检测人员资格要求的相关规定。编者认为，检测负责人应至少需要持有 II 级或以上技术资格证书。

在该标准中 5.1.1 规定"声发射传感器的谐振频率宜在 100 ~ 300kHz 之间，其灵敏度应不小于 60dB［相对于 1V/（m/s)］"。这里谐振频率范围的规定是指所用传感器为窄带共振传感器，通常使用 150kHz 的共振传感器。该项目中规定的传感器灵敏度为表面波绝对灵敏度校准的结果，该校准方法的详细内容可参考即将颁布的《声发射传感器的一次校准》。编者还认为，这里对传感器绝对灵敏度的要求应与其他行业标准的有关规定和现代传感器制作技术相一致，其值应为"不小于 65dB［相对于 1V/（m/s)］"。

在该标准中 5.3.1.1 对加载程序进行了规定，其中"升压时间不小于 2min"是本条目的核心，一般来讲在声发射试验中最高压力、分级压力、保压时间为容器设计人员来确定，作为声发射检测人员应该掌握的一个原则是尽量避免快速升压。

该标准中 5.3.1.7 规定了加载试验前应观察仪器各通道噪声水平的时间，这对其他声发射检测试验也都具有指导意义。这项检查主要是排除由于仪器系统连接及仪器本身原因造成的噪声干扰，这对简化后续数据分析处理中剔除噪声数据有很大的帮助。

该标准中 5.4.1 指出：利用事后处理软件将试验过程中的噪声数据进行必要的剔除。由于我们现在的声发射分析方法是基于大量数据的统计分析，因此在采集的声发射数据中若有比重很大的噪声则会对分析结果产生很大偏差。但同时我们也应认识到受技术的限制和噪声机制的影响我们也不可能将所有的噪声剔除干净，因此所讲的噪声剔除是指将明显的噪声信号数据剔除。

该标准中 5.4.2 和 5.4.3 指出了在进行数据分析时应参考哪些图表，其中包括定位图、幅度 - 时间历程图、振铃计数 - 时间累积图、压力 - 时间历程图。

该标准中 5.4.4 条指出：确定声发射源的条件——在一个声发射源区中至

少有5个或以上的声发射事件（Event）。这里没有明确源区的大小，这需要根据具体情况来确定。

该标准中5.4.5规定了在进行钛合金压力容器声发射严重性评判时，利用了声发射延续时间、高幅度事件计数、事件或振铃计数随压力的变化趋势三个判据，将声发射结果定为在判断声发射严重性级别时要求：Ⅰ级必需三项判据全部符合；Ⅱ级、Ⅲ级只要两项符合。下面我们以该标准中附录A（小型TC4钛合金气瓶分级基准实例表）做详细的解释，见表9-4。

**表9-4　TC4钛合金气瓶声发射源分级判据**

| 检测门槛/dB | 严重性级别 | | 保压声发射延续时间 $T_i$/min | 高幅度事件计数≥80dB | 事件或振铃计数随压力变化 | 严重程度 | 处理意见 |
|---|---|---|---|---|---|---|---|
| 40 | Ⅰ | | < 1 | 0 | 收敛或恒速增加 | | |
| | Ⅱ | a | — | ≥1 | 快速增加 | 较严重 | |
| | | b | ≥1 | — | — | | |
| | | c | ≥3 | — | — | | |
| | Ⅲ | | ≥8 | — | — | 很严重 | 应进行验证 |

表9-4中保压声发射延续时间是指在保压开始后最后一个声发射事件所对应的保压时间。该标准中附录A注解中给出了确定保压过程中最后一个声发射事件的方法，即当每分钟幅度高于门槛的事件计数小于3时，认为保压声发射收敛。其详细解释如图9-1所示。从图9-1可以看出，当升压2min后压力达到最高24MPa并进入保压阶段，在整个保压过程中先后记录了1号、2号、3号、4号等四个声发射事件，那么这四个声发射事件哪个是标准定义的保压过程的最后一个声发射事件呢？如若1号、2号、3号为保压声发射最后一个事件则该气瓶的声发射级别应为Ⅰ级，若4号事件为最后一个保压声发射则该气瓶的声发射严重性级别将为ⅡC级，因此最后一个保压声发射事件的确定将直接影响声发射严重性分级的结果和该气瓶是否能被验收通过。

从标准附录规定的方法中我们首先确定1号、2号、3号、4号事件都符合规定的保压声发射事件的定义，但由于4号事件与2号、3号事件形成的时间间隔大于了1min，因此我们可以排除4号事件为保压声发射最后一个事件。再看3号事件其与2号、1号事件的时间间隔小于1min，因此3号事件为该气瓶保压声发射最后一个事件，3号事件所对应的保压时间就是该气瓶的保压声发射延续时间。由于3号事件对的保压声发射延续时间小于1min，且没有超过80dB的声发射事件、事件计数为收敛型，因此其严重性级别为Ⅰ级。

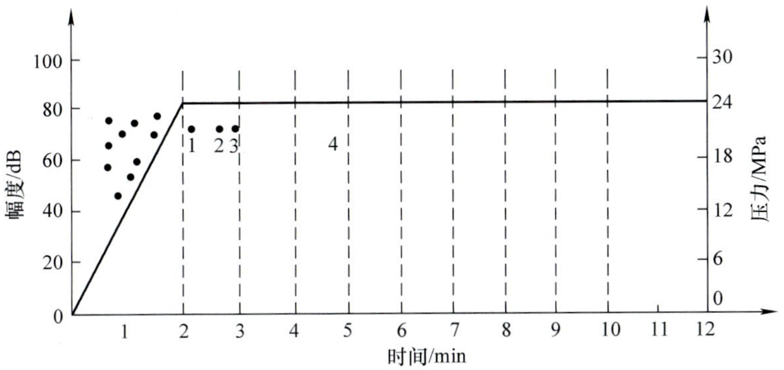


**图 9-1　某气瓶声发射幅度、压力、时间历程结果**

注：黑实线为压力曲线，1、2、3、4 分别为保压后记录的声发射事件。在实际检测应用中，许多情况比较复杂，对声发射严重性级别判断时不仅要考虑表中的三个判据，还要结合升压声发射幅度及频度、噪声情况、气瓶的工艺状况等进行综合考虑最终给出声发射严重性级别。

## 9.7.3　QJ 2914—1997《复合材料结构件声发射检测方法》

复合材料在航空航天及其他国防科技行业的应用越来越广泛，在航天产品的许多结构上已经完全取代了金属材料，作为声发射检测的应用对象，复合材料的声发射研究工作从 20 世纪 70 年代就在国内展开了，许多应用单位针对不同的检测对象制定了相应的企业标准，如复合材料固体发动机壳体的声发射检测、直升机垂尾的声发射检测等。航天 703 所在进行了大量 C/E 复合材料结构件静力试验的基础上提出了该标准。该标准于 1997 年 3 月 10 日发布，于 1997 年 10 月 5 日开始实施。

该标准中 1.2 规定了该标准的适用范围。其中规定到："本标准适用于碳/环氧复合材料结构件的检测，其他树脂基复合材料结构件的检测也可参照使用。"这里是指该标准的适用范围主要是 C/E 复合材料，而且结构形式为纤维非主承力结构类型的结构件。如航天运载火箭的卫星支架、仪器仓等。而纤维缠绕复合材料容器类结构就不适用于该标准。

该标准中第 5 章详细要求中列出了检测所需的各种条件，对比 GJB 2044 可以看出：无论检测对象如何，其检测所需的条件和要求基本是相同的。这也是声发射检测所共同的特点。因此下面我们将主要将不同指出加以介绍。

该标准中 5.5.1.1 规定了加载程序所要求确定的内容，与金属材料的声发射检测不同，由于复合材料受载后会产生不可修复的损伤，因此复合材料构件的加载程序就比金属构件复杂。不仅涉及最高载荷而且为了平衡应力应变，还要进行逐级加载和保载。另外，为了 获得费利西蒂比还有可能进行二次加载等。

该标准中 5.5.2.3 介绍了在复合材料构件上进行衰减测量和确定门槛距的方

法。由于复合材料具有各向异性，因此在复合材料声发射检测中事先都应进行幅度衰减的测量，标准推荐了两个方向两个距离：分别为与表面纤维方向成平行和45°的方向，距离为150mm和300mm。在实际检测中有时还需要在垂直于表面纤维的方向上进行测量，为了获得较精确的幅度衰减曲线通常在距离传感器200mm之内各测试点的间距一般不大于10mm，在200mm以外各测试点的间距应不大于50mm。根据幅度衰减曲线确定门槛距的方法在前面已经讲到，这里不在复述。

该标准中5.5.3.2规定了加载速率应注意的问题。由于复合材料构件一般采用分级载荷，因此在每一级加载中加载时间应大于30s，分级恒载时间标准中规定为4min。在实际检测中可视恒载声发射情况适当延长或缩短，但恒载时间一般不小于1min。

该标准中5.6.2.4规定了进行二次重复加载的条件，分别为“a. 在恒载1min周期内事件计数不小于5个；b. 在10%载荷增量中，事件计数不小于10个。”这两个条件分别规定保压中和升压中确认二次加载的条件。

在目前大多数的复合材料构件检测中，声发射结果主要是对构件在载荷过程的损伤方式、损伤阶段、和损伤严重程度进行分析判断，为构件的设计和制造工艺确定提供重要依据。因此，还没有涉及产品批次测量和质量验收。在该标准中表1给出了某加筋壳支架轴压试验的评定准则参考值。需要注意的是：若试验条件发生改变，或者结构类型发生变化，都需要进行相关的试验来确定专用的评定准则。

### 9.7.4 JB/T 7667—1995《在役压力容器声发射检测评定方法》

该标准是目前指导在役压力容器声发射检测的最常用标准之一，由于其检测程序要求和判别标准与国外有关标准相接轨，因此在具体使用和操作中带来很大的方便。该标准适用于材料屈服强度小于等于800MPa的钢制压力容器，对压力管道也可参照使用。

在役压力容器声发射检测的主要目的是确定有效声源位置及严重性级别，对严重声源采用常规检测方法复检。标准的人员要求和检测设备要求及校准、检测程序上与上面介绍的两个标准大同小异，这里不再复述。

值得注意的是：在役压力容器的工作压力是在一定压力范围内经常变化，因此容器一般工作在最高工作压力之内。在对在役压力容器声发射检测时一定要了解有关容器的最高工作压力、设计压力、破坏压力及服役时间、事故报告、其他无损检测结果等信息，结合以上信息来确定容器的试验最高载荷及分级载荷等。该标准中5.2.3规定：“最高加载压力不得低于最高工作压力的1.25倍。保压至少在80%最高工作压力、最高工作压力、最高加载压力三个台阶下进行，分级保载时间不少于5min，最高载荷保压时间不小于15min。”对于该标准所规定的最高试验载荷的确定在实际检测中还受到容器服役历史和原始质量状态的限制，不能一概而论。

该标准的结果评判中包括有效声源的确定、分类和复检三个内容。在该标准中 9.2 规定了有效声源的两个充分条件：其一为有效声源一般不少于 5 个事件；其二为超过规定值的高幅度和高振铃计数的孤立事件也应作为有效声源。这两个条件符合其中一个都可认为是有效声源。该标准中 9.3 是对有效声源的分类判据，9.3.1 和 9.3.2 规定了声源活动度和强度两个概念。声源的活动度是指所确定的声发射源区事件计数或者振铃计数在载荷变化过程中的变化率，即指声发射事件计数率或振铃计数率随时间的变化而增长的越大则说明声发射源的活动性越强。声源的强度是指经过距离修正的源区内所有：声发射事件的幅度平均值与规定值之比。声发射事件的幅度往往指在声发射定位组中首先接收到的撞击的幅度来表示，由于信号从声发射源传播至接收传感器会产生一定的幅度衰减，因此声发射事件的幅度与源区处相比会变小。为了准确掌握声发射源区的平均幅度，必须要用距离衰减值来修正声发射信号幅度。该标准中 9.3.3 给出了声源严重性判断的判据，根据保压声发射、声源强度、活度将声发射源分为三级，对于第二级的判断为单项符合即可。

## 9.7.5　其他国内外标准方法目录

国内外有关声发射标准和规范目录见表 9-5。

**表 9-5　声发射检测标准**

| 国别 | 标准号 | 名称 |
|---|---|---|
| 中国 | GB/T 12604. 4—2005 | 无损检测　术语　声发射检测 |
| | JB/T 8283—1999 | 声发射检测仪器性能测试方法 |
| | QJ 2914—1997 | 复合材料构件声发射检测方法 |
| | GB/T 18182—2012 | 金属压力容器声发射检测及结果评价方法 |
| 美国 | ASTM: | |
| | E610 - 82 | 声发射术语定义 |
| | E750 - 80 | 检测仪特性测试方法 |
| | E1106 - 86 | 传感器一级校准方案 |
| | E976 - 84 | 传感器响应再现性测定指南 |
| | E650 - 85 | 压电传感器安装指南 |
| | E569 - 85 | 金属压力容器监视方法 |
| | E751 - 85 | 电阻焊监视方法 |
| | E749 - 85 | 连续焊监视方法 |
| | E1139 - 02 | 金属压力容器连续监视方法 |
| | E1211 - 02 | 泄漏检测和定位方法 |
| | E1419 - 02a | 无焊缝气压容器检测方法 |
| | E10685 | FRP 储罐/容器检测方法 |
| | E1118 - 00 | FRP 管道检测方法 |
| | E914 - 85 | 绝缘高空作业台检测方法 |
| | E1067 - 01 | 玻璃纤维增强容器声发射检测方法 |
| | E1495 - 02 | 复合材料及多层结构的声超声检测方法 |

（续）

| 国别 | 标准号 | 名称 |
| --- | --- | --- |
| 美国 | ASME，V－12<br>ASME，V－11 | 金属压力容器检测方法<br>FRP 压力容器检测方法 |
| | MIL－STD－1945<br>MIL－HDBK | 声发射试验术语和定义<br>复合材料检测方法 |
| 日本 | ND1S 2412－80<br>ND1S 2109－91<br>NDIS 2106－79<br>NDIS 2409－79 | 高强钢球形储罐检测和分类方法<br>传感器校准方法<br>传感装置性能表示方法<br>检测术语 |
| 法国 | NF A 09－350（1984）<br>NF A 09－354（1985）<br>NF A 09－353（1985）<br>MF A 09－355（0985）<br>NF A 09－351（1984）<br>NF A 09－360（1985）<br>NF A 09－352（1985） | 声发射名词术语<br>压电传感器及特性要求<br>单通道仪器性能测定<br>传感器校准<br>源定位推荐方法<br>纤维复合材料及制品检测方法<br>泄漏检测方法 |
| 欧洲标准化委员会 | EN 1330－9：2000<br>EN 13477－1：2001<br>EN 13477－2：2001<br>EN 13554：2002<br>PrEN 14784 | 无损检测术语 声发射检测用术语<br>无损检测 声发射设备性能 第 1 部分：设备概述<br>无损检测 声发射设备性能 第 2 部分：操作特性的验证<br>无损检测 声发射 总则<br>无损检测 声发射 金属压力设备试验期检测声发射源的平面定位 |

# 参 考 文 献

[1] 原天龙. 工业锅炉泄漏声发射检测技术研究 [D]. 昆明: 昆明理工大学, 2015.
[2] 张钦海. 锅炉检验的常规检验检测方法分析 [J]. 科学技术创新, 2016 (14): 118 - 118.
[3] 贾建科, 韩团军, 朱宁洲. 基于 Matlab GUI 的模拟带通滤波器的设计 [J]. 现代电子技术, 2010, 33 (10): 58 - 62.
[4] 王会清, 程勇. 家庭安防系统中声音信号的小波分析与降噪 [J]. 武汉工程大学学报, 2011, 33 (10): 96 - 99.
[5] 封士永. 多点无线语音传输系统的设计与实现 [D]. 苏州: 苏州大学, 2013.
[6] 范军. 无线通讯技术在远程数据采集中的应用 [J]. 四川冶金, 2006, 28 (1): 37 - 38.
[7] 杨晶, 李录平, 饶洪德, 等. 基于声发射检测的阀门泄漏故障模式诊断技术研究 [J]. 动力工程学报, 2013, 33 (6): 455 - 460.
[8] 安连锁, 王鹏, 姜根山, 等. 锅炉承压管泄漏声传播时间延迟估计 [J]. 中国电机工程学报, 2012, 32 (2): 16 - 23.
[9] 钱伟. 锅炉炉管泄漏检测系统的设计与实现 [D]. 南京: 东南大学, 2005.
[10] 张成辉. 锅炉炉管泄漏检测系统的研究 [D]. 沈阳: 沈阳航空航天大学, 2012.
[11] 巩正华. 锅炉炉管泄漏声学监测技术的研究 [D]. 北京: 华北电力大学 (北京) 华北电力大学, 2002.
[12] 王强. 基于混沌与分形理论的炉管泄漏检测与诊断系统的研究 [D]. 保定: 华北电力大学 (河北), 2003.
[13] 王琳. 锅炉管道泄漏点声辐射的检测与定位方法研究 [D]. 保定: 华北电力大学 (保定) 华北电力大学, 2009.
[14] 蒋刚. 核函数理论与信号处理 [M]. 北京: 科学出版社, 2013.
[15] 邓乃扬, 田英杰. 支持向量机: 理论、算法与拓展 [M]. 北京: 科学出版社, 2009.
[16]《国防科技工业无损检测人员资格鉴定与认证培训教材》编审委员会. 声发射检测 [M]. 北京: 机械工业出版社, 2005.
[17] 李孟源. 声发射检测及信号处理 [M]. 北京: 科学出版社, 2010.
[18] 朱冰莲, 方敏. 数字信号处理. 第 2 版 [M]. 北京: 电子工业出版社, 2014.
[19] 董长虹. Matlab 小波分析工具箱原理与应用 [M]. 北京: 国防工业出版社, 2004.
[20] 王金枝, 程新华. 电厂锅炉原理 [M]. 北京: 中国电力出版社, 2014.
[21] 杜功焕, 朱哲民, 龚秀芬. 声学基础. [M] 2 版. 南京: 南京大学出版社, 2001.
[22] 张海澜. 理论声学. [M] 2 版. 北京: 高等教育出版社, 2012.
[23] 陈杰, 黄鸿. 传感器与检测技术 [M]. 北京: 高等教育出版社, 2002.
[24] 沈维道. 工程热力学 [M]. 2 版. 北京: 高等教育出版社, 1983.
[25] 赵松龄. 噪声的降低与隔离 [M]. 2 版. 上海: 同济大学出版社, 1989.
[26] 诺顿 M·P. 工程噪声和振动分析基础 [M]. 北京: 航空工业出版社, 1993.

[27] 克里斯蒂．现代数字信号处理 [M]．北京：机械工业出版社，2005.
[28] 林宗虎，张永照．锅炉手册 [M]．北京：机械工业出版社，1989.
[29] 冯俊凯，沈幼庭．锅炉原理及计算 [M]．北京：科学出版社，1992.
[30] 田子平．大型锅炉装置及其原理 [M]．上海：上海交通大学出版社，1997.
[31] 中国动力工程学会．火力发电设备技术手册 第一卷：锅炉 [M]．北京：机械工业出版社，2000.
[32] 林宗虎，李瑞阳，汪军，等．锅炉用水、清垢及除灰 [M]．北京：化学工业出版社，2001.
[33] 岑可法等．锅炉和热交换器的积灰、结渣、磨损和腐蚀的防止原理与计算 [M]．北京：科学出版社，1994.
[34] 宗孔德，胡广书．《信息、控制与系统》系列教材 数字信号处理 [M]．北京：清华大学出版社，1988.
[35] 程佩青．数字信号处理教程 [M]．2 版．北京：清华大学出版社，2001.
[36] 吴湘淇．信号·系统与信号处理 [M]．北京：电子工业出版社，1996.
[37] 曾静．热采锅炉系统的模糊可靠性分析 [D]．北京：中国石油大学（华东），2007.
[38] 曾静，崔学政，衣世里，等．注气锅炉系统故障树的建立与分析 [J]．锅炉制造，2006 (4)：35－37.
[39] 徐建军，曲洪权，应俊．电站直热锅炉均匀流量控制适应式模糊数学优化方法 [J]．电力系统及其自动化学报，2003，15 (5)：70－72.
[40] 谭厚章，熊小鹤，刘海玉，等．大容量锅炉水冷壁高温腐蚀实时模糊评估 [C] // 中国力学学会学术大会2009 论文摘要集．北京：中国力学学会，2009.
[41] 王希光．故障树理论在火电厂锅炉故障诊断中的应用 [D]．大庆：大庆石油学院 东北石油大学，2004.
[42] 闫水保，郑立军，张营帅．电厂锅炉水冷壁管短时过热爆管的故障树分析 [J]．广东电力，2008，21 (2)：44－47.
[43] 陈坚红，盛德仁，任浩仁，等．锅炉过热器管壁超温的故障树诊断 [J]．动力工程学报，2003，23 (5)：2690－2693.
[44] 李德英，倪维斗．电站锅炉故障诊断系统的广义故障树知识表示方法 [J]．清华大学学报（自然科学版），1998 (7)：74－77.
[45] 李德英，郭骏．热水锅炉状态监测与故障诊断专家系统的研究与建立 [C] // 全国暖通空调制冷 1996 年学术年会．北京：中国制冷学会，1996.
[46] 路士朋．CFB 锅炉性能与状态监测的研究和诊断系统软件设计 [D]．上海：上海交通大学，2005.
[47] 蒋小云．事故树分析法在防止锅炉爆炸事故及安全管理中的应用 [J]．装备制造技术，2010 (7)：93－94.
[48] 何钧．火电厂汽包水位运行故障诊断系统研究 [D]．保定：华北电力大学（河北），2007.
[49] 柳青．大型燃煤电站锅炉吹灰优化模型的试验与理论研究 [D]．保定：华北电力大学（河北），2006.

[50] 杨圣春. 电站锅炉燃煤结渣预测及诊断软件研究 [D]. 南京：东南大学, 2002.
[51] 文孝强. 基于检测的燃煤锅炉积灰、结渣研究 [D]. 沈阳：东北电力大学, 2006.
[52] 张洪刚. 珠海电厂 700MW 机组锅炉结焦的预测与监测 [D]. 广州：华南理工大学, 2004.
[53] 姚洪, 周建平, 徐涛, 等. 炉内喷钙脱硫实验研究及其影响 [J]. 发电设备, 1997 (6): 12 - 16.
[54] 闫秋会, 张亮. 基于模糊数学的集中供暖方式的对比研究 [J]. 建筑热能通风空调, 2011, 30 (1): 27 - 30.
[55] 王永传 郁文贤 庄钊文. 一种故障树模糊重要度分析的新方法 [J]. 国防科技大学学报, 1999, (03): 63 - 66.
[56] 赵德孜, 温卫东, 段成美, 等. 关于故障树模糊定量分析的应用 [J]. 中国制造业信息化, 2003 (6): 109 - 110.
[57] N. H. Narayanan, N. Viswanad ham. A Methodology for Knowledge Aequisition and Reasoning in Failure Analysis of Systems [J]. IEEE Trans. Systems, Man, Cyberneties, Vol. SMC - 17, Mar. /APr. 1987: 274 - 288.
[58] ZhangYue, LiangFengehi, SuFen. A Fuzzy Produetion Rule Expert System [J]. Fuzzy Sets and Systems, 44 (1991): 291 - 303.
[59] 李德英, 张跃, 郭骏. 锅炉系统故障树的建立与分析 [J] 锅炉技术, 1997 (09): 20 - 25.
[60] 郭永基. 电力系统计电力设备的可靠性 [J]. 电力系统自动化, 2001, 25 (17): 53 - 56.
[61] Singh C, Patton A D. Models and concepts for power system reliability evaluation including protection - system failures [J]. International Journal of Electrical Power & Energy System, 1980, 2 (4): 161 - 168.
[62] 董玉革, 朱文予, 陈心昭. 模糊故障树分析及应用 [J]. 合肥工业大学学报 (自然科学版), 1996 (04).
[63] 张蔼蔷. 故障树分析在电力系统可靠性研究中的应用 [J]. 华东电力, 2005, 33 (2): 14 - 17.
[64] Bennetts, R. G. Qn the Analysis of Fault tree [J]. IEEE Trans. Reliability, R - 24 (8) (1975): 175 - 185.
[65] 卢明银, 徐人平. 系统可靠性 [M]. 北京：机械工业出版社, 2008.
[66] 郭永基. 可靠性工程原理 [M]. 北京：清华大学出版社, 2001.
[67] 郭永基. 锅炉系统可靠性原理和应用 (上) [M]. 北京：清华大学出版社, 1983.
[68] 郭永基. 锅炉系统计锅炉设备的可靠性 [J]. 锅炉系统自动化, 2001, 25 (17): 53 - 56.
[69] 张蔼蔷. 故障树分析在锅炉系统可靠性研究中的应用 [J]. 华东锅炉, 2005, 33 (2): 14 - 17.
[70] 赵德孜, 温卫东, 段成美. 故障树模糊分析方法的研究 [J] 机械设计与制造, 2003 (04).

[71] 闫水保，郑立军，张营帅. 电厂锅炉水冷壁管短时过热爆管的故障树分析［J］. 广东电力，2008（02）.

[72] 赵晓姣. 锅炉缺水事故的事故树分析［J］. 现代制造技术与装备，2010（01）：36－38.

[73] 蒋小云. 事故树分析法在防止锅炉爆炸事故及安全管理中的应用［J］. 装备制造技术，2010（07）：93－95.

[74] 陈坚红，盛德仁，任浩仁，等. 锅炉过热器管壁超温的故障树诊断［J］. 动力工程，2003（05）.

[75] Bennetts，R. G.，Qn the Analysis of Fault tree，IEEE Trans. Reliability，R－24（8）（1975）：175－185.

[76] 丁伯愿、任爱、李明，等. 基于风险检验的电站锅炉安全综合评价研究［J］. 电力安全，2008（9）：30－32.

[77] 姜述杰，赵伟英. 浅谈秸秆生物质直燃发电技术［J］. 锅炉制造，2009（4）：1－4.

[78] 刘惠宁. The Design and Practice of Straw & Stalk Biomass Fuel Boiler［J］. 应用能源技术，2008（2）.

[79] 范树华. 生物质直燃锅炉的发展［J］. 中国特种设备安全，2008（2）：49－50.

[80] 任建兴，邓淙仁，李芳芹，等. 生物质燃料燃烧特性分析与研究［C］//中国动力工程学会、第八届锅炉专业委员会第三次学术交流会、第八届锅炉专业委员会第三次学术交流会议论文集，2006.

[81] 王永传，郁文贤，庄钊文. 一种故障树模糊重要度分析的新方法［J］. 国防科技大学学报，1999（03）.

[82] 赵德孜，温卫东，段成美. 关于故障树模糊定量分析的应用［J］. 中国制造业信息化，2003（06）：109－110.

[83] 黄洪钟. 机械系统可靠性分析的模糊故障树方法［J］. 四川工业学院学报，1994（02）：57－65.

[84] 曹学斌，郭相科，刘进忙. 基于到达时差法的目标定位系统［J］. 指挥控制与仿真，2006（3）：57－60.

[85] Young Cho，Dongsuk Yook，et al. Sound source localization for robot auditory systems［J］. Consumer Electronics，IEEE Transactions，2009，55（3）：1663－1668.

[86] SUR S，WEI T，ZHANG X. Autodirective audio capturing through a synchronized smartphone array［C］//Proceedings of the 12th Annual International Conference on Mobile Systems，Applications，and Services，2014，38（7）：28－41.

[87] 沈功田，秦先勇，陈金忠. 油气管道泄漏声发射检测系统及方法：中国，CN104654026A［P］. 2015－5－23.

[88] CHARLES，H，KNAPP，and，G，CLIFFORD，CARTER. The generalized correlation method for estimation of time delay［J］. IEEE Transactions on Acoustics，Speech，and Signal Processing，1976，24（4）：320－326.

[89] SILVERMAN H F. Some analysis of microphone arrays for speech data acquisition［J］，IEEE Transactions on Acoustics，Speech，and Signal Processing，1987，ASSP－35（2）；

1699 – 1712.

[90] SILVERMAN H F, KIRTMAN S E, Stuart E. Kirtman. A two – stage algorithm for determining talker location from linear microphone array data [J] . Computer Speech &Langage, 1992, 6 (2): 129 – 152.

[91] WANG Minke, ZHANG Yiwen, LIU jianping. Hardware system design of sound source localization based on microphone array [J] . Modern Electronics Technique, 2010 (20): 23 – 25.

[92] 柯炜, 张铭, 张铁成. 一种利用分布式传声器阵列的声源三维定位方法 [J] . 声学学报, 2017, 42 (3): 361 – 368.

[93] 叶诚, 杨淑萤. 基于到达时间差的声源定位算法与实现 [J] . 天津理工大学学报, 2015, 31 (2): 50 – 51.

[94] 柯昆. 声源定位技术研究 [D] . 西安: 西安电子科技大学, 2010.

[95] Reed F A, Feintuch P L, Bershad N J. Time delay estimation using the LMS adaptive filter – static behavior [J] . IEEE Transactions on Acoustics, Speech and Signal Processing, 1981 (29): 561 – 571.

[96] Nikias C L, Pan R. Time delay estimation in un – known gaussian spatially correlated noise [J] . IEEE Transactions on Acoustics, Speech and Signal Processing, 1988, 36 (11): 1706 – 1714.

[97] 康玉梅, 朱万成, 陈耕野, 等. 基于小波变换的岩石声发射信号互相关分析及时延估计 [J] . 岩土力学, 2011, 32 (7): 2080 – 2081.

[98] 沈功田, 耿荣生, 刘时风. 连续声发射信号的源定位技术 [J] . 无损检测, 2002, 24 (4): 166 – 167.

[99] 姚欢, 朱梦尧, 朱晓强. 基于时延估计的麦克风阵列一致性分析 [J] . 复旦学报 (自然科学版), 2017, 56 (2): 172 – 179.

[100] 王琳, 姜根山, 安连锁. 锅炉管道泄漏声检测与定位系统的研究现状 [J] . 华东电力, 2010, 29 (1): 46 – 51.

[101] 张毅, 颜博, 王可佳. 混响环境下基于倒谱 BRIR 的双耳互相关声源定位算法 [J] . 自动化学报, 2016, 42 (10): 1562 – 1569.